AF544582
Neuwied
Koblenz
Limburg
Nastätten
Taunusstein
ellaun
Wiesbaden
Lorch
Simmern
Mainz
Main
Rhein
Bad Kreuznach
Nahe
Lauterecken
older
Worms
Otterbach
Mannheim
Kaiserslautern
Ludwigshafen
Neustadt
Speyer
Pirmasens
Landau
3
42
260
274
54
9
61
327
421
41
270
63
6
37
62
10
65

Kneidl • Hunsrück

Streifzüge durch die Erdgeschichte

herausgegeben von Dr. Gunnar Meyenburg

Die faszinierendste Geschichte der Erde ist die Geschichte der Erde selbst. Namhafte Autoren vermitteln in der Buchreihe „Streifzüge durch die Erdgeschichte“ einen anschaulichen, lebendigen und verständlichen Einblick in die oftmals spektakulären Prozesse der Entwicklung unseres Lebensraums über Hunderte von Millionen Jahren. Jeder einzelne Band motiviert die Leser, den Spuren der erdgeschichtlichen Entwicklung im Gelände zu folgen und auch teilweise heute noch wirksame Kräfte kennen zu lernen.
In Verbindung mit vielfältigen, ergänzenden Informationen zu Lehrpfaden, Mineral- und Fossilfundstellen, Museen, Schaubergwerken und vieles andere mehr, ist jeder Band der Reihe die ideale geotouristische Begleitung und abgestimmt auf die Besonderheiten der jeweils behandelten Region. Die Abschnitte sind dabei so gewählt, dass sie bequem zu Fuß erkundbar sind.

Bereits lieferbar:

Nördliche Rhön, Nördliche Oberpfalz, Nationalpark Berchtesgaden, Lahn-Dill-Gebiet, Hunsrück

Demnächst erscheinen:

Altmühltal, Südlicher Schwarzwald, Geopark Östliches Sauerland, Mecklenburgische Eiszeitlandschaft, Fichtelgebirge, Asse, Elm und Lappwald, Nordwesthessisches Berg- und Senkenland, Harz.
Weitere Regionen in Vorbereitung.

Falls Sie laufend über die Neuerscheinungen informiert werden möchten, nutzen Sie bitte die Bestellkarte in der Mitte des Buches.

Streifzüge durch die Erdgeschichte

Volker Kneidl

Hunsrück

Insel der Tropen

Der Herausgeber:

Dr. Gunnar Meyenburg
Osterstraße 187
20255 Hamburg
e-Mail: info@sci-script.de

Bibliografische Information Der Deutschen Nationalbibliothek
Die Deutsche Nationalbibliothek verzeichnet diese Publikation in der Deutschen Nationalbibliografie; detaillierte bibliografische Daten sind im Internet unter http://dnb.d-nb.de abrufbar.

www.verlagsgemeinschaft.com

Titelfoto: Volker Kneidl
Fotos: Volker Kneidl (wenn nicht anders angegeben)
Grafiken: Designstudio Hartmut Müller, Schwabenheim
Topographische Karte: Theiss Heidolph, Kottgeisering
Satz: Gunnar Meyenburg, Hamburg
Druck und Verarbeitung: Stürtz GmbH, Würzburg
Printed in Germany/Imprimé en Allemagne
ISBN 978-3-394-01480-7

Zur Reihe „Streifzüge durch die Erdgeschichte"

Liebe Leserinnen, liebe Leser,

das wachsende Interesse an Natur und Umwelt hat in den vergangenen Jahren auch bei geowissenschaftlich orientierten Themen nicht Halt gemacht. Oftmals waren es Naturereignisse, die die Geowissenschaften stärker in das Licht der Öffentlichkeit gerückt haben, aber auch Fragen, die unsere Zukunft betreffen. Die Deckung des Rohstoffbedarfs und die Diskussion um klimatische Veränderungen und deren Ursachen und Folgen sind nur einige Beispiele.

Die Erde und das Leben auf diesem Planeten haben im Laufe ihrer Entwicklung ausgesprochen vielfältige und dramatische Veränderungen erfahren. Vieles davon lässt sich an den Gesteinen als deren stumme Zeugen trotz ihres oft schwer vorstellbaren Alters, aber auch an der Gestalt der Landschaft ablesen. Gerade dieser Blick in die Vergangenheit ist es, der uns Prognosen über Zukunftsszenarien erlaubt, indem die Rekonstruktion einstiger Umwelt- und Lebensbedingungen mit Vorgängen und Gesetzmäßigkeiten verknüpft werden, die zu diesen Bedingungen geführt haben.

Natürlich steckt hinter diesem Erkenntnisgewinn weit mehr als das, was sich dem Betrachter geologischer Objekte vor Ort erschließen kann. Akademische Diskussionen sind jedoch nicht Gegenstand dieser allgemeinverständlich gehaltenen Reihe. Die Autoren und ich möchten Ihnen vielmehr Erdgeschichte zum Erleben bieten und Sie dazu auf eine ereignisreiche und spannende Reise mitnehmen. Die Buchreihe „Streifzüge durch die Erdgeschichte" richtet sich vor allem an all jene, die sich nicht ausschließlich an der Schönheit und den Eigenheiten von Landschaften erfreuen möchten, sondern sich zugleich auch Gedanken über deren Entstehung machen und nach entsprechenden Antworten suchen.

Sie will motivieren, sich auf die Suche nach den Spuren der äußerst bewegten Erdgeschichte Deutschlands und Mitteleuropas zu begeben und die mit ihr untrennbar verbundene Geschichte des Lebens selbst nachzuempfinden, ohne dass hierzu eine fachliche Vorbildung vonnöten wäre. Die einzelnen Bände begnügen sich nicht mit einer isolierten, steckbriefartigen Darstellung geologischer Objekte, sondern stellen die Synthese von Einzelinformationen zu einem Gesamtbild zur Entwicklungsgeschichte einer Landschaft stark in den Vordergrund. Die Größe der jeweils vorgestellten Gebiete ist daher auch überschaubar gehalten.

Ich möchte mich an dieser Stelle bei allen Autoren, die an dieser Buchreihe mitwirken, bedanken, die den komplexen Stoff der Intentionen der Reihe entsprechend verständlich und anschaulich darstellen.

Ganz ohne Fachtermini geht es dabei allerdings nicht. Damit der Lesefluss nicht durch Begriffserklärungen gestört wird, wurde die Marginalspalte genutzt, um wichtige Begriffe kurz zu erläutern oder auch andere Hinweise zu geben. Der dort in blauer Schrift gehaltene Text dient der leichteren Navigation innerhalb der Kapitel.

Nun wünsche ich Ihnen viel Freude und aufschlussreiche Einblicke in die Erdgeschichte bei Ihren geologischen Streifzügen.

Dr. Gunnar Meyenburg
Herausgeber

Der inhaltliche Schwerpunkt dieses Bandes liegt auf dem geologisch interessantesten Gebiet des Hunsrücks, und zwar zwischen Idar-Oberstein, Bundenbach, Gemünden und dem Idarwald.

Inhalt

Der südwestliche Hunsrück – Eine Einführung

Goethe schreibt am 26.12.1814 in einem Brief an Caesar von Leonhard, der ihm für seine Sammlung Mineralien und Gesteine aus der Idar-Obersteiner Gegend geschickt hatte: „Ich tadle mich, dass ich mir niemals Zeit genommen, Oberstein und die Umgebung zu besuchen, es scheint daselbst eine geognostische Paradoxie zu Hause zu sein“ (aus BANK 2004).

Idar-Oberstein, Bundenbach, Gemünden. Diese drei Orte sprechen für sich. Durch diese ist der Hunsrück-Nahe-Raum weltbekannt. Internationales Publikum findet sich hier. Die Achate aus dem Raum Idar-Oberstein, die Edelsteine und der Schmuck in Idar-Oberstein sowie die Fossilien aus Bundenbach, Gemünden und Umgebung wirken anziehend. Dabei besitzt die Gegend mit den aus der Hunsrück-Hochfläche herausragenden Quarzitrücken Idarwald, Schwarzwälder Hochwald, Lützelsoon und Soonwald einen Liebreiz wie keine andere in Deutschland. Wanderwege, Besucherbergwerke und Museen laden ein zu vielfältigen Unternehmungen. Daneben braucht die Kultur nicht zu kurz zu kommen. Geschichte gibt es hier zwischen Kirchberg, Morbach und Hermeskeil sowie von Monzingen an der Nahe flussaufwärts über Idar-Oberstein, Birkenfeld bis Nohfelden in Hülle und Fülle.

Die Kelten mit dem Stamm der Treverer haben hier vor den Römern riesige Burgen (Oppida) und kleinere Felsnester (Castella) gebaut. Es seien hier nur die Ringwälle von Otzenhausen (Hunnenring), Nohfelden (Elsenfels), Hoppstädten-Weiersbach (Altburg), Allenbach (Ringwall auf dem Ringkopf), Kempfeld (Wildenburg), Fischbach (Ringmauer auf dem Regelsköpfchen), Kirnsulzbach (Schlackenwall auf dem Bremerberg) und Bundenbach (Altburg) genannt. In der Eisenzeit ist eine Explosion der Besiedlungsdichte festzustellen, die möglicherweise mit den Eisen- und Kupferlagerstätten in Verbindung steht. In dieser Zeit entstehen die Höhenburgen. Vorher, im Neolithikum (± 4 000 – 1 800 v. Chr.) und in der Bronzezeit (1 800 – 800 v. Chr.) gibt es Besiedlungshinweise fast nur in tieferen Gebieten. In römischer Zeit werden die Treverer romanisiert. Viele Zeugnisse (Villen, Gutshöfe, Heiligtümer) aus dieser Zeit liegen vor. Bekannt ist u. a. die Ausonius-Straße, eine Römer-

Blick von Schloss Dhaun auf die Taunusquarzit-Rücken Soonwald (rechts) und Lützelsoon (links) mit der sie trennenden Pforte des Simmerbachtales.

straße, benannt nach dem Mosella-Dichter und Prinzenerzieher Ausonius, der auf dieser für damalige Zeiten gut ausgebauten Straße spätestens 367 n. Chr. von Bingen kommend nach Trier reiste. Heute kann man z. B. auf dem 100 km langen Sirona-Weg (Sirona nach der keltischen Heilgöttin) zwischen Bundenbach im NE und Birkenfeld/Nohfelden im SW römische und keltische Zeugnisse entdecken.

Im Mittelalter war der Hunsrück-Nahe-Raum Durchgangsland. Die vielen Besitzungen, aber auch die damit verbundenen Altstraßen, wurden durch Burgen gesichert. Sie finden sich an der Nahe und deren Zuflüssen von Kirn (mit der Kyrburg, den Kallenfels-Burgen) flussaufwärts über Idar-Oberstein (Burg Bosselstein, Burg/Schloss Oberstein), Birkenfeld (Burg Birkenfeld) bis Nohfelden (Burg Nohfelden), seltener in heute „abgelegenen“ Winkeln wie die urkundlich älteste erwähnte Festung, die Schmidtburg bei Bundenbach, die Burg Dill in Dill westlich Kirchberg oder die Wasserburg Baldenau östlich Morbach am N-Rand des Idarwaldes. Sie waren für die kulturelle Entwicklung des Raumes, beginnend vor über 1 000 Jahren, wichtige Keimzellen.

Heute bildet die Region eine Einheit, selbst über die rheinland-pfälzisch – saarländische Landesgrenze hinweg. Veranstaltungen und Feste werden gemeinsam gefeiert, so z. B. das Kulturfestival „Idar-Oberstein leuchtet“, der Theatersommer Idar-Oberstein, die Jazztage Idar-Oberstein und, damit auch das Essen nicht zu kurz kommt, das Idar-Obersteiner Spießbratenfest, weiterhin das Keltenfest auf der Altburg bei Bundenbach, die Herrsteiner Serenade oder die Karl-May Festspiele in Mörschied.

Kennen Sie den Unterschied zwischen Spieß- und Schwenkbraten? Ersterer wird in Oberstein, letzterer in Idar angeboten! Dafür gibt es in Birkenfeld die Kartoffelwurst!

Die Region – Landschaft und Natur

Der Hunsrück und der ihm südlich vorgelagerte Prims-Nahe-Raum im Grenzgebiet zwischen Saarland und Rheinland-Pfalz gehört zu den Landschaften Deutschlands, deren Wanderwege in den letzten Jahren verstärkt begangen wurden und werden. 2009 wurde der Saar-Hunsrück-Steig zwischen Mettlach, Hermeskeil/Nonnweiler und Idar-Oberstein als schönster Wanderweg Deutschlands prämiiert. Dieser Wanderweg mit seinen Traumschleifen führt zu vielen Sehenswürdigkeiten, aber auch in einsame Regionen. Der Wanderer hat es heute leicht, da er sein Gepäck vorausschicken kann. Er muss sich entscheiden, ob er die Gegend an der Nahe, z. B. auf dem Weinwanderweg Monzingen – Kirn, an den Zuflüssen zur Nahe, u. a. an der Hunsrück Schiefer- und Burgenstraße, vielleicht an der Deutschen Edelsteinstraße, oder in den hoch gelegenen Waldgebieten des Idar-, Hoch- oder Soonwaldes genießen möchte.

Radfahrer und Autotouristen haben es da leichter. Sie sind beweglicher. Im Weinland Nahe müssen sie jedoch auf Oechsle achten. Die Weinanbaugrenze liegt bei ca. 300 m ü. NN. Jedoch sind im Nahetal westlich Kirn die Fröste so stark, dass flussaufwärts kein Wein mehr angebaut werden kann. Das Weinbauklima im Raum Monzingen – Kirn mit einer Jahresmitteltemperatur um 9 °C kontrastiert in hohem Maße mit dem kühl-gemäßigten, niederschlagsreichen atlantischen Mittelgebirgsklima rund um den höchsten Gipfel von Rheinland-Pfalz, dem Erbeskopf mit 816,32 m ü. NN. Die Höhe dieses Berges wurde erst kürzlich bis auf den Millimeter genau bestimmt, da bisher zwei unterschiedliche Versionen kursierten.

Idarwald und Hochwald (Schwarzwälder Hochwald) sind dicht bewaldete Höhenzüge mit ständig über 600 m hohen Gipfelhöhen, die sich beide in der Nähe des Erbeskopfes verbinden und als Schwarzwälder Hochwald in das Saarland hinein-

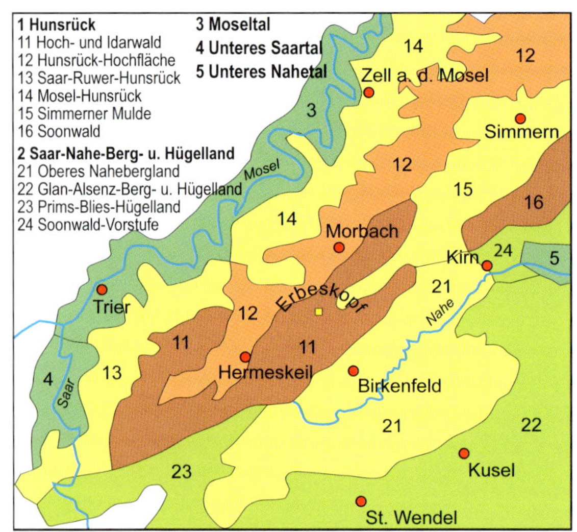

Die Naturräumliche Gliederung des Hunsrücks und seines Umfeldes. Verändert nach DWD (1957).

ziehen. Ein weiter Fernblick bietet sich u. a. von den Gipfeln bzw. Türmen von Erbeskopf, Idarkopf und Wildenburger Kopf. Nördlich des Idarwaldes (mit ca. 700 – 816 m ü. NN) reicht die Sicht über die anschließenden Hunsrückhöhen (ca. 480 – 650 m ü. NN) und die tief eingeschnittene Mosel bis zur Hohen Eifel. Nach E blickt man über die Hunsrückhochfläche mit der Simmerner Mulde (350 – 500 m ü. NN) zu den Quarzitrücken von Lützelsoon und Soonwald mit Höhen bis 659 m ü. NN. Die Quarzitkämme stellen das Rückgrat des Hunsrücks dar. Die Simmerner Mulde als südliche Eintiefung in die Hunsrückhochfläche zieht sich nach SW bis Allenbach in die Delle zwischen Idarwald und Schwarzwälder Hochwald.

Quarzit: Sandstein mit verkieseltem Porenraum

Die NE – SW verlaufenden Höhenrücken aus Quarzit stellen nicht nur das Rückgrat des Hunsrücks dar, sondern bilden auch eine Wetterscheide zwischen Nord und Süd. Doch nicht nur diese Quarzitkämme, sondern auch das Baumholder Hochland mit Höhen von ca. 500 – 600 m ü. NN als südlicher Teil des von Kirn flussaufwärts liegenden Oberen Naheberglandes halten die meist von W und NW kommenden Niederschläge von den im Lee liegenden Weinbaugebieten des Unteren Nahelandes ab. Hier liegen die Niederschläge sogar unter 550 mm/Jahr, während sie bis zum Erbeskopf auf ca. 1 100 mm/Jahr ansteigen. Demgegenüber werden im Soonwald maximal 850 mm, in der Simmerner Mulde 750 mm/Jahr erreicht, also weniger als der Durchschnitt für Deutschland. Dies spricht für Streifzüge in der Region, sowohl im Naturpark Saar-Hunsrück als auch im Naturpark Soonwald-Nahe.

Die erdgeschichtliche Entwicklung

Vom Ozean zum Hochgebirge – Das Devon und Unterkarbon im Hunsrück

Die devonischen Gesteine besitzen im Hunsrück die größte Ausdehnung, entsprechend häufig begegnen wir ihnen bei unseren Wanderungen durch den Hunsrück. Um überhaupt zu verstehen, wie und wo sie sich ablagern konnten, wird die Schichtenfolge in ihrer altersmäßigen Abfolge vorgestellt und mit den paläogeographischen Gegebenheiten des Raumes in Beziehung gesetzt.

Die Entstehung des Old Red-Kontinents

Vom Ordovizium bis zum Ende des Silurs, der Zeit vor dem Devon, bewegten sich die zwei Nordkontinente, Laurentia (Nordamerika mit Grönland) und Baltica (Nordeuropa), aufeinander zu. Von S driftete eine kleinere Landmasse, Avalonia (Norddeutschland einschließlich dem heutigen Rheinischen Schiefergebirge, Dänemark, England ohne Schottland), zuerst auf Baltica zu und dann mit diesem gegen Laurentia. Dabei entstand am Ende des Silurs das Kaledonische Gebirge, das heute von Norwegen/Ostgrönland über Schottland/Wales, Irland, Neufundland bis in die Appalachen zu verfolgen ist. Dies ist der zentrale Kern des sogenannten Old Red-Kontinents, dessen südliche Küste u. a. bei Aachen zu suchen ist.

Die Lage des südwestlichen Hunsrücks im Rheinischen Schiefergebirge an der Grenze zum Saar-Nahe-Becken.

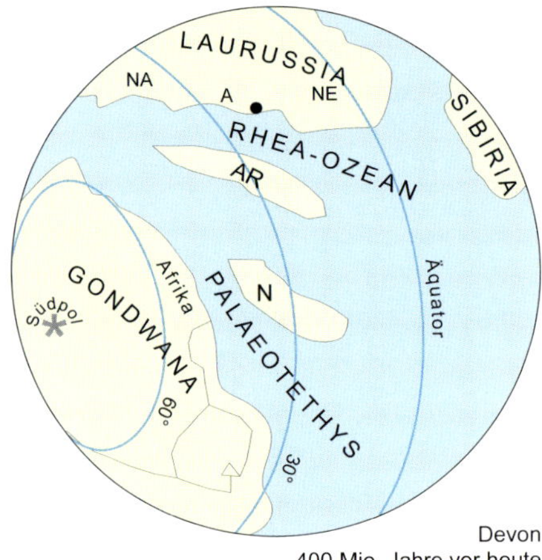

Land-Meer-Verteilung vor 400 Mio. Jahren. Der Hunsrück (schwarzer Punkt) liegt am S-Rand von Laurussia, dem Old Red-Kontinent. Die Inseln Armorica (AR) und Norica (N) bewegen sich wie Gondwana nach NW. A: Avalonia, NA: Nordamerika, NE: Nordeuropa. Verändert nach DOSTAL et al. (2003).

Avalonia, an dessen S-Rand das heutige Rheinische Schiefergebirge lag, bestand aus einer präkambrischen Unterlage, auf der kambrische bis silurische Sedimente zu finden sind. Im Hunsrück lässt sich das präkambrische Fundament nur mit den beiden Gneis-Vorkommen, dem bekannteren Gneis von Wartenstein und dem Gneis von Mörschied, beobachten.

Gneis: metamorphes Gestein mit > 20 % Feldspat; Gneis von Wartenstein s. Seite 74

Der damalige Südkontinent Gondwana lag einige 1 000 km südlich dieser neu geschaffenen Landmasse um den Südpol. Er bestand vor allem aus den heutigen Südkontinenten Südamerika, Afrika, Australien und Antarktika sowie Indien. Von diesem Großkontinent lösten sich ab dem Ordovizium nacheinander Avalonia, Armorica (mit der Mitteldeutschen Schwelle (= Mitteldeutsche Kristallinschwelle)) sowie Norica (mit dem Altpaläozoikum der Alpen) und bewegten sich nach N.

Neben dem oben vorgestellten zentralen Kaledonischen Gebirge ist auch in dessen südlichem Ausläufer, den Ardennen südlich und südwestlich Aachen, eine bis zum Rhein im E ausklingende kaledonische Faltung nachgewiesen. Diese hat anfangs ebenfalls zu Erhebungen geführt, die über das Meer aufgeragt haben. Daher besteht zu Beginn des Devons eine generelle Erosionsrichtung von N nach S. Der Schutt der Gesteine des Old Red-Kontinents wird in das Vorland nach S in den südlich anschließenden Schelf transportiert und bildet dort die Molasse des Kaledonischen Gebirges.

Die postkaledonische Entwicklung

Erosion: Abtragung

Schelf: Meeresbereich bis 200 m Wassertiefe

Im Bereich des Schelfmeeres, das sich südlich an den Kontinent anschließt und den Hunsrück ohne seine Metamorphe Südrandzone einschließt, können auch NE–SW-gerichtete, küstenparallele Becken und Schwellen sowie Strömungen auftreten. Dies wird auch durch unterschiedliche Sedimentmächtigkeiten angezeigt. Von Bedeutung ist ebenfalls, sich Gedanken über die Breite des Schelfmeeres zu machen. Die heutige

Blick von Schloss Wartenstein über Hahnenbach und das Hahnenbachtal nach NW. Im Hintergrund (links) der Taunusquarzit-Rücken des Idarwaldes.

Distanz Aachen – Kirn beträgt ca. 150 km. Die Einengung durch die spätere variszische Faltung beträgt ungefähr 50 %. Daher muss der Schelf zu Beginn des Devons ca. 300 km Breite besessen haben. Diese Ausdehnung besitzt heute z. B. der Schelf vor der Amazonas-Mündung am Äquator oder der Mekong-Mündung. Der Schelf konnte damals wie heute kleinere oder größere Dimensionen besitzen (vor der Mündung des St. Lorenz-Stromes heute ca. 600 km!). In den Schelf können kleinere Becken oder Rinnen (Canyons) eingetieft sein. Natürlich können hier auch Schwellen als Untiefen oder sogar als Inseln auftreten.

Molasse: postorogene Sedimente in Vortiefen und Innensenken des entstandenen Gebirges

Die unterdevonischen Ablagerungen

Die ältesten devonischen Ablagerungen im Hunsrück sind die **Bunten Schiefer** oder auch **Züscher Schiefer** des Obergedinne. Diese hier vor allem aus roten Tonschiefern, aber auch aus grünen Tonschiefern, Siltsteinen, Quarziten und Konglomeraten bestehende Gesteinsserie ist bisher fossilfrei. Nach Fossilfunden in den Ardennen und im Taunus (*Pteraspis sp.*, kieferlose Fische) wird sie in das Obergedinne eingestuft. Diese Fossilien, u. a. Panzerfische, sind als marin einzustufen. Daher sind die Sedimente ebenfalls marin, obwohl es von NW (Aachen/Ardennen) auch weite Vorstöße kontinentaler Sedimente nach SE gegeben hat. Das Meer ist von W auf den sich eintiefenden Festlandssockel vorgedrungen. Die Rotfärbung der Sedimente kann auf die einer tropischen Verwitterung ausgesetzten Gesteine des Old Red-Kontinents zurückgeführt werden.

Silt: Korngröße zwischen Ton und Sand

Konglomerat: durch ein Bindemittel verfestigte rundliche Gesteinsbruchstücke

Die Art und Mächtigkeit der Sedimente verraten bereits zu dieser Zeit Schwellen und Senken. Die Bunten Schiefer mit vorwiegend roten Tonschiefern im Idarwald und Schwarzwälder Hochwald erreichen im Primstal ca. 2000 m. Hier fehlen Konglomerate im Gegensatz zu den nur ca. 20 m mächtigen gröberklastischen Sedimenten mit wenigen roten Tonschiefern über dem Gneis von Wartenstein (Durchmesser der nur aus Milchquarz bestehenden Gerölle maximal 30 cm). Der S-Rand des Schelfs ist demnach als eine Randschwelle des Kontinents ausgebildet, da auch weiter östlich am Rhein ebenfalls Konglomerate zu beobachten sind. Diese können daher nicht vom Old Red-Kontinent von N abgeleitet werden, sondern außer aus lokalen Aufarbeitungen höchstens aus nordöstlicher Richtung stammen. Außerdem zeigt sich im NW auf Höhe Idarwald/ Hochwald durch die große Sedimentmächtigkeit eine starke Absenkung des Ablagerungsraumes, die mit der Sedimentzufuhr vom Old Red-Kontinent Schritt hält. Daher werden in diesem Becken die meisten Rotsedimente aufgefangen.

klastisch: aus mineralischen Partikeln wie Sand, Schluff oder Ton bestehend

Im Unteren Siegen setzt sich mit den **Hermeskeil-Schichten** die Sedimentation über den Bunten Schiefern mit ähnlichen Mächtigkeitsverteilungen wie bisher fort. Im Primstal nordöstlich Nonnweiler, aber auch südlich Hermeskeil erreichen sie 500 – 600 m, im Traunbachtal nordwestlich Birkenfeld (Dollberge) nur 150 – 200 m Mächtigkeit, während sie anscheinend nördlich des Wartenstein-Gneises fehlen. Auch die Mächtigkeiten weiter im E bis zum Mittelrhein und im Taunus am S-Rand des Rheinischen Schiefergebirges mit 30 – 100 m zeigen neben der Fazies weiterhin eine Schwelle an. Bei Stromberg ist eine Einstufung mit Brachiopoden (*Acrospirifer primaevus*, *Rhenorensselaeria crassicosta*, *Hysterolites cf. hystericus*) in das Siegen möglich. Auch nach Panzerfisch-Bestimmungen in den Ardennen sind die Hermeskeil-Schichten in das Untere Siegen einzustufen.

Fazies: Summe der primären lithologischen und paläontologischen Merkmale eines Sediments

Brachiopoden: Armfüßer; zweiklappige Tiere, mit Stiel am Untergrund festsitzend

Die Hermeskeil-Schichten entwickeln sich aus den Bunten Schiefern (hier wird einheitlich nur Bunte Schiefer als Schichtbezeichnung für das Obergedinne verwendet) durch Einschaltung von grauen und grünlichgrauen Tonschiefern, Siltsteinen und Quarziten. Untergeordnet treten auch bräunliche Quarzite auf. Jedoch lassen sich südlich Hermeskeil auch laminierte Tonschiefer mit Mächtigkeiten im Dezimeter- bis Meterbereich beobachten, die von schräggeschichteten Sandsteinen bzw. einer Wechsellagerung von Sandsteinen und Ton-/Siltsteinen abgelöst werden. Diese laminierten Tonschiefer besitzen noch nicht den höheren Kohlenstoffgehalt der vergleichbaren Einheit des Hunsrückschiefers, in dem eine Explosion der Tier- und Pflanzenwelt zu verzeichnen ist. Die ruhige Sedimentation der Laminite findet unterhalb der Sturmwellenbasis, also in einer Tiefe >50 m statt.

SE-Teil des Taunusquarzitsattels im Fischbachtal NW Mörschied (SE-Fallen der Schichtung).

Im Südtaunus ist der Nachweis für einen Gezeitenbereich erbracht worden (Sandsteine und Quarzite mit bipolarer Schrägschichtung). Die Strömung war sowohl nach NW als auch nach SE gerichtet (annähernd senkrecht zum späteren variszischen Streichen). Da im südöstlichen Soonwald und im Bereich des südlichen Mittelrheins zusätzlich konglomeratische Einschaltungen vorhanden sind, südlich Hermeskeil jedoch mit den Laminiten ein tieferer Faziesbereich belegt werden kann, dürfte man ohne weitere sedimentologische Feindifferenzierung von E (NE) nach W (SW) zu morphologisch tieferen Ablagerungsräumen gelangen. Die Küste des Old Red-Kontinents mit annähernd NE–SW-Richtung liegt zu dieser Zeit im Raum Aachen. Wie aus den sedimentologischen Merkmalen der Hermeskeil-Schichten hervorgeht, begrenzt am S-Rand des Taunus und wohl auch des Soonwaldes ein Küstenbereich (Schwelle) ein nördlich davon liegendes Becken auf der ca. 300 km breiten Kontinentalplattform. Dies ist der Schelfbereich, an den sich südlich der Kontinentalabhang und der Rhea-Ozean anschlossen, wobei letzterer im S von der nach NW driftenden Mitteldeutschen Schwelle als Teil Armoricas begrenzt wurde.

bipolare Schrägschichtung: gegenläufige, nach zwei Seiten gerichtete Schrägschichtung

Im **Taunusquarzit** bauen sich über den Gezeitensedimenten der Hermeskeil-Schichten linsenartige Sandbarren in NE–SW-Richtung auf, eine mächtige Quarzitserie, die vertikale und horizontale Faziesänderungen aufweist und ein Becken im

Trilobiten: Dreilappkrebse, paläozoische Gliedertiere (Arthropoden)

stratigraphisch: die Schichtenfolge betreffend

S/SE begrenzt. Diese vor allem mit Brachiopoden als Leitfossilien (u. a. *Acrospirifer primaevus*, *Rhenorensselaeria crassicosta*, *Rhenorensselaeria strigiceps*, *Tropidoleptus carinatus*) und dem Trilobiten *Burmeisterella aculeata* in das Mittlere und Obere Siegen zu stellende stratigraphische Einheit weist folgende Faziestypen auf:

(1) Silberich	Gut gebankte, mächtige, schräggeschichtete Quarzite fast ohne geringmächtige Tonschieferlagen (= Typ Unterer Taunusquarzit)
(2) Hujet's Sägemühle	Wechselfolge von Quarziten und Tonschiefern (= Typ Oberer Taunusquarzit)
(3) Trauntal	Extrem sandarme Tonschiefer-Serie innerhalb des Taunusquarzits, die faziell eine milde Hunsrückschiefer-Ausbildung darstellt (mit Dachschieferbergbau)
(4) Zerfer Schichten	Überwiegend graue, sandige Tonschiefer führen Quarzitlinsen bzw. geringmächtige Quarzitbänke (Mächtigkeit meist < 20 cm); Faziesvertretung des Taunusquarzits; vermitteln zwischen den quarzitbetonten Serien des Taunusquarzits und den milden Tonschiefern der Kaub-Schichten

Die im Soonwald, also im östlichen Teil, anzutreffenden Faziestypen bleiben als bisherige Faziesbereiche Unterer und Oberer Taunusquarzit erhalten. Am Idarbach (nördlich Idar) findet im Hangenden des Faziestyps 1 eine Verzahnung der übrigen Serien statt, wobei die Zerfer Schichten allein bis zur Basis der Kaub-Schichten (Unterems) reichen.

Jedoch gibt es auch südlich der großen Quarzitzüge große fazielle Abweichungen. Nördlich des Wartenstein-Gneises folgen über den Bunten Schiefern unter Fehlen der Hermeskeil-Schichten die Fazies des Oberen Taunusquarzits und der „Siltigen Tonschiefer mit Quarzitbänken“, wobei letztere am ehesten den Zerfer Schichten entsprechen könnten. Letztere Einheit verzahnt sich basal mit dem Oberen Taunusquarzit, reicht also stratigraphisch höher als dieser, der faziell und faunistisch in den Bereich unterhalb der Gezeitenzone einzuordnen ist. Die Mächtigkeit des Oberen Taunusquarzits erreicht hier maximal

40 m. Die Schichtfolge nördlich des Gneises ist also stark kondensiert bzw. gegenüber dem Normalprofil (Soonwald, Idarwald, Hochwald) stark verändert.

Beim Gneis von Mörschied (in südwestlicher Verlängerung des Lützelsoon-Sattels), der in nur 7 km Entfernung westlich des Wartenstein-Gneises auftritt, folgt in nördlicher Richtung eine Wechsellagerung von dunklen Tonschiefern und Quarziten (möglicherweise Zerfer Schichten), die ebenfalls eine sehr geringmächtige Faziesvertretung des Taunusquarzits darstellt. Es ist also festzuhalten, dass bei diesen beiden nah beieinander liegenden Gneisvorkommen tonigere Faziestypen zu beobachten sind, die gegenüber den mächtigen Quarzitfolgen des Normalprofils, die als Gezeitenbereich anzusprechen sind (intertidal, Sandriffe), einen tieferen, wohl rinnenartigen (subtidalen) Ablagerungsraum repräsentieren.

Goniatiten: paläozoische Ammonoideen

Die Taunusquarzitzüge besitzen Ähnlichkeit mit den bis 65 km lang gestreckten und bis zu 40 m hohen Gezeitenrücken (Sandbänke) in der südwestlichen Nordsee, die häufig parallel zur Küste angeordnet sind, bis über 200 km Abstand zur heutigen Küste besitzen und 0 – 60 m unter die Wasseroberfläche aufragen.

Hunsrückschiefer-Fossil Loriolaster mirabilis, ein Schlangenstern (Grube Eschenbach, Bundenbach). Bildhöhe ca. 10 cm. Präparation und Foto: Wouter Südkamp, Bundenbach.

Im Unterdevon lag der Hunsrück bei ca. 15° südlicher Breite (nach anderen Darstellungen am Äquator), dort, wo heute ungefähr der Regenwald des Amazonas endet. Die klimatischen Bedingungen für die Flora und Fauna des **Hunsrückschiefers** waren demnach tropisch. Dies lässt sich aus den Meeresfaunen von Bundenbach und Gemünden erschließen. Seesterne, Schlangensterne, Seelilien, Korallen, Stachelhaie und Goniatiten mit ihrer überlieferten Artenvielfalt können nicht anders als tropisch interpretiert werden. Die vorgefundenen Formen stammen teilweise aber nicht aus diesem Lebensraum, sondern sind dorthin verlagert worden. Dies kann nur durch starke Stürme oder Tsunamis, generell durch starke Strömungen, erreicht werden. Deshalb sind die wenigen Horizonte mit pyritisierten

Schinderhannes bartelsi ist eines der spektakulären Fossilien im Hunsrückschiefer, das schwer in die Nomenklatur eingeordnet werden kann. Das nach dem berüchtigten Räuber Schinderhannes des 18./19. Jahrhunderts benannte „vierflossige" Meerestier besitzt in seinem Bau Ähnlichkeiten mit den ausgefallenen Formen des ca. 500 Mio. Jahre alten Burgess-Schiefers in W-Kanada (Britisch-Kolumbien), der durch seine altertümlichen Arthropoden berühmt ist. Im Vergleich beider international wichtigen Fossilfundpunkte mit einem Altersunterschied von ca. 100 Mio. Jahren erkennt man die Entwicklung zu einer allmählichen „Normalität" der Faunen im heutigen Sinn.
Im Hunsrückschiefer, einer Konservat-Lagerstätte, haben sich in diskreten Horizonten Fossilien mit ihren Weichteilen erhalten. Die Entdeckung dieses Fossils im Hunsrückschiefer zeigt die überaus große Bedeutung dieses Sediments für die Entschlüsselung der Entwicklungsgeschichte der Erde, indem mit ihm eine Lücke in der Entwicklung der Arthropoden geschlossen werden konnte.

Arthropoden: Gliederfüßer (u. a. Insekten, Krebstiere)

Fossilien nicht typisch für den gesamten Hunsrückschiefer. Er muss deshalb gesamtheitlich betrachtet werden:

- Die Ablagerungsbedingungen waren in einigen Abschnitten sehr ruhig. Diese weisen eine feine hell – dunkel-Laminierung auf. Dies ist das Ergebnis von periodischen Schwankungen im Gehalt von Ton und organischem Material (Jahreszyklen; wie in Teilen der Hermeskeil-Schichten).
- In anderen Abschnitten findet sich eine ausgesprochene Linsen- und Flaserschichtung, die als wattentypisch gilt (Gezeitenschichtung).
- Mächtigere Quarzitbänke können Leithorizonte darstellen.
- Nur in diskreten Horizonten tritt eine Fauna (und in geringem Ausmaß Florenelemente) auf, die Einschwemmung und Einregelung aufzeigt.
- Die Organismen sind in diskreten Horizonten transportiert worden, teilweise langsam verwest und nicht von Aasfressern beseitigt worden. Teilweise sind die Fossilien ganz mit ihren Weichteilen erhalten.
- Teilweise liegen nur Reste/Teile bzw. Häutungsreste von Fossilien vor.

Pyrit: Schwefeleisen, FeS_2

- In diskreten Horizonten lässt sich Pyrit, z. T. in Verbindung mit Fossilien, nachweisen.
- Einkieselung von Fossillagen lässt sich beobachten.
- Karbonaterhaltung weniger Fossillagen tritt ebenfalls auf.
- Vulkanische Horizonte sind mögliche Leithorizonte.

Faziesänderungen von N nach S sowie von E nach W sind genauso vorhanden wie beim Taunusquarzit. Letzterer bleibt zur Zeit des Hunsrückschiefers ein untermeerisches morphologisches Hoch und grenzt das im N anschließende Hunsrückschiefer-Becken zum offenen Meer (Rhea-Ozean) ab. Gegenüber den mächtigen Beckensedimenten im NW ist im Koppenstein-Wildburg-Taunusquarzit-Zug (nördlicher Soonwald-Rücken) ein kondensiertes Profil von Taunusquarzit über graue Tonschiefer zu Rotschiefern des Oberdevons ausgebildet. Der Soonwald-Quarzit bildet demnach zur Zeit der Ablagerung des Hunsrückschiefers im Unterems, aber auch bis in das Oberdevon eine Schwelle, einen Bereich verminderter Sedimentation, der aber mit einer allmählichen Eintiefung verbunden ist.

Zwischen den Quarzitzügen des Soon- und Idar-/Hochwaldes hatte sich zur Zeit des Taunusquarzits bereits eine geringmächtige tonschieferreiche Fazies (? Zerfer Schichten) als tiefere Rinnenfazies im Bereich der Gneise ausgebildet, die während der Ablagerung des Hunsrückschiefers weiter besteht bzw. sich vertiefen konnte (im Streichen 10er-km Länge nach NE über Gemünden hinaus; quer zum Streichen wohl einige Kilometer). Dasselbe dürfte für den nordwestlichen Teil des Hunsrücks um Altlay – Kaub zutreffen.

Für das Ems ergibt sich im NW des Idar- und Soonwaldes eine größere Mächtigkeit als in deren Bereich selbst bzw. südlich ihrer Erstreckung. Im südlichen Hahnenbachtal bei Hahnenbach treten schwarze Tonschiefer als Vertreter der Hunsrückschieferfazies auf. Ihre Mächtigkeit dürfte 150 – 250 m nicht übersteigen. Hangendes Unterems bis Klerf (Sporenflora) besteht aus Tonschiefern mit sandigen Einschaltungen, die ca. 600 – 900 m Mächtigkeit aufweisen. Im Gegensatz zum zentralen Hunsrück, dem Raum Kirchberg – Gemünden – Bundenbach – Rhaunen, in dem Klerf als jüngstes Schichtglied nachgewiesen ist, treten im Bereich bzw. in der westlichen Fortsetzung des Soonwaldes und südlich der Taunusquarzit-Kämme des Hunsrücks jüngere Schichten auf, die wesentlich für das Verständnis der Entwicklung des Rhenoherzynikums sind.

Rhenoherzynikum: eine Zone der europäischen Varisziden; *s. Abb. Seite 18*

Conodonten: mm-große zahn- oder plattenförmige Teile aus Calciumphosphat eines unbekannten Wirbeltieres

Mittel- und oberdevonische Sedimente

So gehören die Tonschiefer im Bereich der Intrusivdiabase bei Hahnenbach nach Conodontenfunden in das Givet. Weiterhin kann eine Gliederung der Sedimente (vor allem Tonschiefer, Buntschiefer, Grauwacken) im südlichen Hahnenbachtal und Simmerbachtal vom Givet bis zum höchsten Oberdevon (Wocklum) erreicht werden. Diese Ablagerungen sind daher mit denjenigen im Stromberger Raum vergleichbar.

Buntschiefer: verschiedenfarbige Tonschiefer

Grauwacken: schlecht sortierte Sandsteine mit Gesteinsbruchstücken

Schwerspat: Baryt, $BaSO_4$

Auch im westlichen Verbreitungsgebiet der variszischen Tonschiefer-Serien am S-Rand des Hunsrücks an der Grenze Saarland/Rheinland-Pfalz östlich Nonnweiler/Otzenhausen (südlich der Dollberge) lässt sich anhand von Conodonten eine Grobgliederung vom Oberems bis in das Unterkarbon (!) fassen. In der Grube Korb nördlich Eisen mit ihrer Karbonat-Serie vom Givet bis tiefstem Unterkarbon und basalem Schwerspat gab es Untertage-Aufschlüsse, die halfen, den zeitlichen Faltungsablauf zu rekonstruieren.

Moldanubikum: eine Zone der europäischen Varisziden; s. Abb. Seite 18

Turbidit: Suspensionsstrom

Von Bedeutung sind die im Variszikum (u. a. Lahn-Dill-Gebiet, Harz, Schwarzwald) weit verbreiteten oberdevonischen Rotschiefer mit ihrer einheitlichen Fazies bis in das Moldanubikum. Sie treten hier im Hunsrück vom Koppenstein-Wildburg-Taunusquarzit-Zug bis fast zum S-Rand des Hunsrücks (Stromberg, Kirn, ? Eisen) auf. Außerdem schalten sich wie im Südharz bereits Grauwacken als Turbidite u. a. in das Adorf (tiefstes Oberdevon) bei Stromberg ein, die aus östlicher Richtung geschüttet worden sind.

Die Metamorphe Südrandzone des Variszikums

Mylonit: an tektonischen Bewegungsflächen zerriebenes Gestein

Phyllit: schiefriges, quarz- und glimmerreiches metamorphes Gestein

Im Simmerbachtal südöstlich Heinzenberg trennt der **Wiesbachtalmylonit**, eine wichtige Störungslinie, die bis in das Wocklum reichenden oberdevonischen Tonschiefer von den bisher in das Unterkarbon eingestuften Serien aus Metadiabasen (= Grünschiefer) und grauen Phylliten der Metamorphen Zone (= Metamorphe Südrandzone des Hunsrücks), die einen Randbereich des Rhea-Ozeans darstellt. Deren Gesteine weisen meist ein mylonitisches Gefüge auf. Da deren Gesteine außerdem eine Faltungsphase mehr aufweisen, wobei die erste den metamorphen Lagenbau verursachte, besteht hier eine Trennung durch eine Überschiebung (= Wiesbachtalmylonit), die nach NE bis über Dalberg hinaus verfolgt werden kann. Im SW endet sie an einer Querstörung südöstlich Oberhausen bei Kirn. Weiter im SW wird sie durch das Rotliegende verdeckt. Solche außerordentlichen Gesteinszerstörungen, Mylonitisierungen, treten vor allem bei niedrigen Temperaturen auf, die 300 °C nicht überschritten haben.

Metamorphose: Gesteinsumwandlung durch Druck- und Temperatureinfluss

Die Gesteine der Metamorphen Zone haben aufgrund der Neubildung von Pumpellyit, Stilpnomelan und Aktinolith nur die Pumpellyit-Prehnit-Quarz-Fazies (250 – 450 °C, 2 – 3 kbar) erreicht, aber nicht die untere Temperaturgrenze der Grünschieferfazies überschritten. Das gemeinsame Auftreten von Pumpellyit und Aktinolith zeigt Temperaturen zwischen 270 und 350 °C an. Im Südtaunus wird dagegen die Grünschiefer-

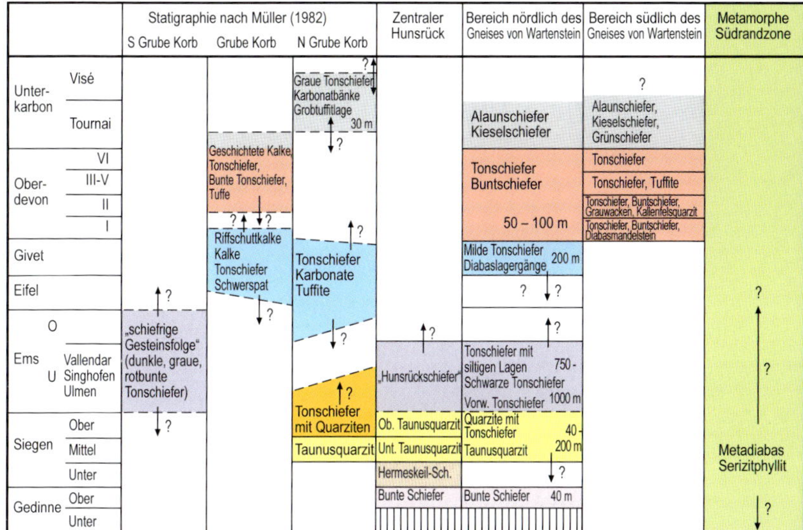

Stratigraphie des südwestlichen Hunsrücks im Devon und Unterkarbon. Nach verschiedenen Autoren und eigenen Vorstellungen.

fazies erreicht. Das Fehlen von Stilpnomelan östlich des Rheins deutet auf höhere Temperaturen als am Hunsrücksüdrand.

Die variszische Gebirgsbildung

Um den Ablauf der variszischen Faltung zu rekonstruieren, muss man auch die Gesteine der im SE anschließenden Mitteldeutschen Kristallinschwelle einbeziehen, die heute u. a. im Odenwald zutage treten. Mit der Entschlüsselung der Genese dortiger Gesteine (Gabbro, Granit) kann in Verbindung mit deren Alter das Ende der Subduktion des Rhea-Ozeans bzw. der annähernde Beginn der Kollision der Mitteldeutschen Kristallinschwelle (Saxothuringikum) mit dem Old Red-Kontinent (Rhenoherzynikum) bestimmt werden. Gabbros im nördlichen Odenwald belegen durch ihre Geochemie einen Inselbogen über einer Subduktionszone, während Granite im Odenwald mit einem Alter von 335 – 340 Mio. Jahren bereits die Kollisionsphase (ohne Subduktionszone) zwischen beiden tektonischen Einheiten anzeigen. Die Schließung des Rhea-Ozeans ist auch an dem Einsetzen der Flyschsedimentation im östlichen Rheinischen Schiefergebirge vor ca. 335 Mio. Jahren (etwa mittleres Visé) erkennbar.

Das Alter der Faltung mit der Neubildung von Serizit (Muskovit) ist im Südtaunus auf 325 Mio. Jahre bestimmt worden.

Subduktion: das Abtauchen einer Erdplatte unter eine andere

tektonisch: die Bewegungsvorgänge in der Erdkruste betreffend

Flysch: vorwiegend aus Suspensionsströmen entstandene Sedimentfolge

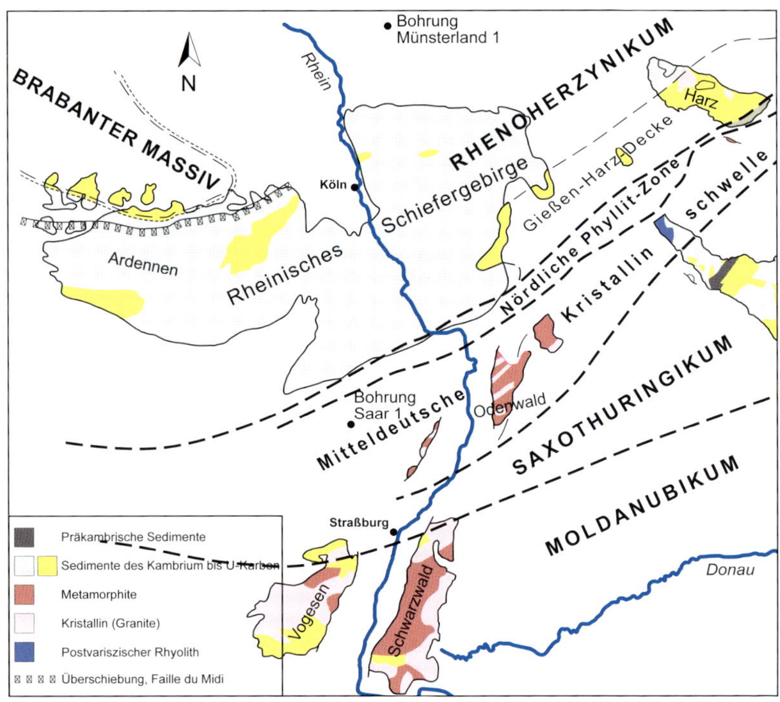

Die Einheiten des mitteleuropäischen Variszikums; verändert nach FRANKE & ZELAZNIEWICZ (2002).

Serizit: feinschuppige Ausbildung des Muskovits (Hell-Glimmer)

Daher sind im Zeitraum zwischen 335 und 325 Mio. Jahren die Deckenüberschiebungen erfolgt, die im östlichen Rheinischen Schiefergebirge nachgewiesen werden können. Dabei sind auch die Metadiabase am S-Rand des Hunsrücks, die erst tief versenkt waren und dabei ihre Metamorphose erhielten, vom Rand des ehemaligen Rhea-Ozeans hochgeschuppt worden. Nur im südlichsten Bereich sollen diese Vulkanite dem Typ der Riftbasalte (Basalte der Mittelozeanischen Rücken) entsprechen, also aus dem Rhea-Ozean entstammen. Sie dürften daher älter als Unterkarbon sein, also mindestens devonisches Alter besitzen.

Die Kollision der Mitteldeutschen Kristallinschwelle als Teil des Saxothuringikums hat am S-Rand des Hunsrücks eine starke Verschuppung herbeigeführt, die im Soon-, Idar- und Hochwald zu einer Faltentektonik mit Überschiebungen (geringere Einengungsintensität) überleitet. Während im Soonwald und im Idarwald NW-Vergenz vorliegt, ist im Hochwald südwestlich des Idar-

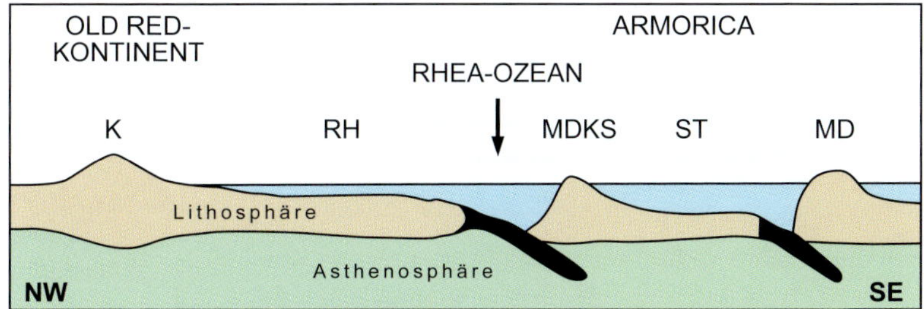

Schematischer plattentektonischer Querschnitt durch das Variszikum. Die Subduktionszonen (schwarz) als Teil des ehemaligen Ozeanbodens tauchen nach SE ein. Im Endstadium der Gebirgsbildung werden die Ozeane durch die von SE andriftenden Mikrokontinente überfahren. Old Red-Kontinent mit Kaledonischem Gebirge (K) und Rhenoherzynikum (RH), Armorica mit Mitteldeutscher Kristallinschwelle (MDKS) und Saxothuringikum (ST) sowie Moldanubikum (MD).

baches SE-Vergenz zu beobachten. Die Verschuppung am S-Rand des Hunsrücks erfasst im E andere tektonische Einheiten als im W. Im E wird die Metamorphe Zone in die Verschuppung einbezogen, im W Gesteine um die Grube Korb, die eine andere tektonische Position besitzen. Die Anpressung der Mitteldeutschen Kristallinschwelle von S/SE erfolgt daher diskordant zu den tektonischen Einheiten des Hunsrücks bzw. des Rhenoherzynikums.

Vergenz: Die Neigungsrichtung von Falten

Diskordanz: ungleichförmige Lagerung aufeinanderfolgender Gesteinsschichten

Orogenese: Gebirgsbildung

Durch die orogene Welle der variszischen Faltung von SE nach NW mit Beginn an der Unter-/Oberkarbon-Grenze, die einen Faltenstrang annähernd entlang des damaligen Äquators vom heutigen Europa in das heutige Nordamerika (Appalachen) schuf, vereinigte sich die nördliche Festlandsmasse Laurasia mit dem nach N drückenden südlichen Großkontinent Gondwana zu einem einzigen großen Festland auf der Erde, der Pangäa. Sie umfasste alle heutigen Kontinente und erstreckte sich im Permokarbon vom Nord- zum Südpol. Die Vereisung am Südpol erfasste damals den Raum um die Antarktis, Argentinien und Südafrika (Inlandeis). Nachgewiesen ist auch eine permokarbone Vereisung in den gerade gebildeten Varisziden des französischen Zentralmassivs, die aufgrund ihrer Lage nahe des Äquators mindestens 5000 m hoch gewesen sein mussten. Um den damaligen Nordpol sind bisher keine Vereisungsspuren bekannt geworden.

Durch die Lage unseres Raumes im Oberkarbon am Äquator herrschte damals ein tropisches Regenwaldklima, das sich infolge der Kontinentalverschiebung bis in das Oberrotliegende zu einem semiariden bis ariden Klima in einem Wüstengürtel wie heute die Sahara in ca. 20° nördlicher Breite weiterentwickelte.

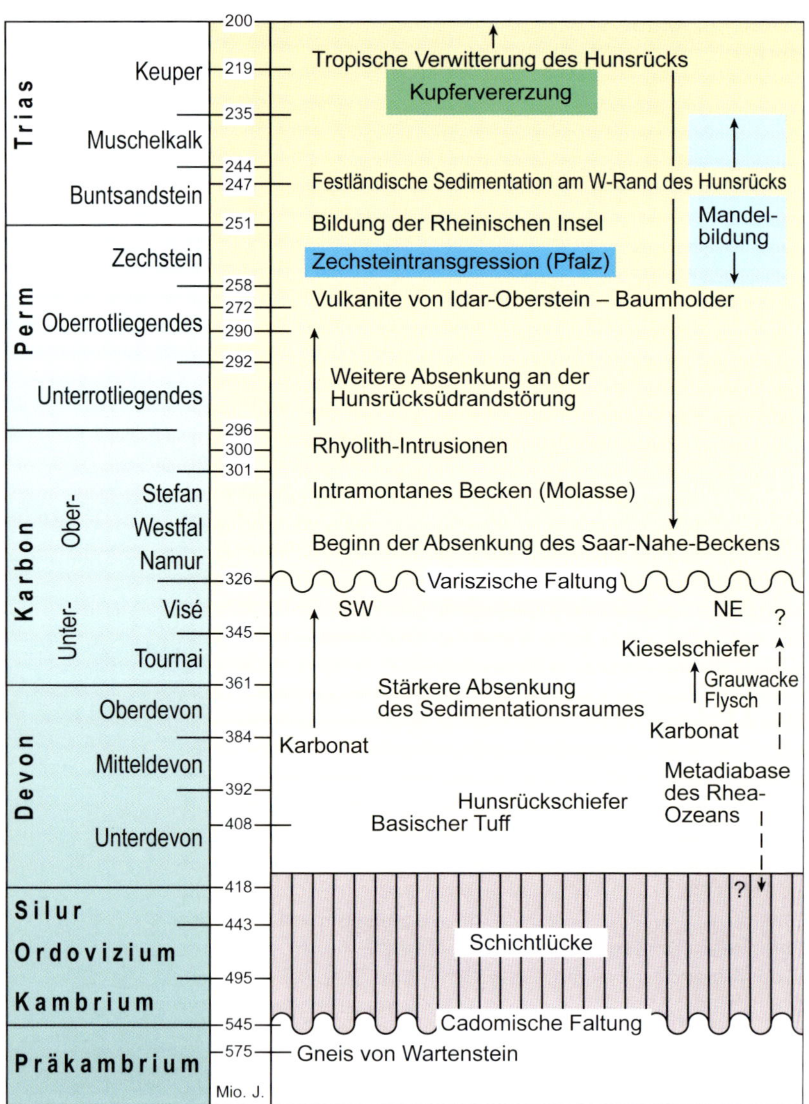

Überblick über die Gesteine und wichtigen geologischen Ereignisse vom Präkambrium bis zur Trias.

Leben am Rande des Hochlandes – Das Saar-Nahe-Becken

Das Saar-Nahe-Becken als Teil des Lothringen-Saar-Nahe-Beckens bzw. des übergeordneten Saar-Saale-Troges liegt als postvariszischer Sedimenttrog mit ca. 6 km Sedimentmächtigkeit über der nach der variszischen Faltung abgesunkenen Mitteldeutschen Kristallinschwelle. Durch die Faltung erfolgte eine Verdickung der Gesteinskruste im späteren Rheinischen Schiefergebirge. Dem steht eine weniger mächtige Gesteinshaut im Bereich der ehemaligen südlichen Platte gegenüber, da hier keine Faltung erfolgte. Aus Gründen des Masseausgleichs (= isostatischer Ausgleich) muss sich daher in der Folgezeit das durch die Faltung entstandene leichtere Rheinische Schiefergebirge mit dem Hunsrück heben, während sich die schwerere Mitteldeutsche Kristallinschwelle absenkt. Diese ehemalige Plattengrenze zwischen dem Rhenoherzynikum (als Teil von Avalonia) am S-Rand des Old Red-Kontinents und Armorica (Saxothuringikum mit der Mitteldeutschen Schwelle) steuert also in der Folgezeit weitgehend die geologische Geschichte. Die Erosion erfolgte nördlich dieser Grenze im gefalteten Gebirge, die Sedimentation des aufbereiteten Gebirgsschutts als Molasse des Variszischen Gebirges südlich davon. Diese Bruchzone bildet wenig später den idealen Aufstiegsort für die Andesit-Laven von Idar-Oberstein – Baumholder. Durch diese Störung am Hunsrücksüdrand entstand zwischen Hunsrück und dem südlicheren Variszikum (Schwarzwald, Vogesen) ein Halbgraben, der in ähnlicher Weise weiter im N in der Wittlicher Senke und ebenfalls in der Eifeler N – S-Zone mit der N – S-Störung bei Vianden verwirklicht ist.

Die Hunsrücksüdrandstörung

Andesit: s. Abb. Streckeisen-Diagramm Seite 32

Auf der Mitteldeutschen Kristallinschwelle lässt sich im Gegensatz zum Hunsrück eine kontinuierliche Sedimentation vom Unterkarbon in das Oberkarbon hinein beobachten. Vom Visé in das Namur ist ein Umschlag von marinen zu limnisch-fluviatilen Ablagerungen festzustellen, die basal durch Konglomerate, aber auch durch ein Kohlenflöz charakterisiert sind. Flüsse aus dem Hunsrück sowie aus Schwarzwald und Vogesen transportierten im Oberkarbon (Westfal – Stefan) Sedimente in ein eng begrenztes, intramontanes Becken, das vom Rhein im NE bis nach Lothringen im SW reichte. Die Reliefenergie ist nach der Gebirgsbildung groß. Daher werden anfangs im saarländischen Raum fluviatile Grobsedimente abgelagert, die später

Das Ablagerungsgeschehen im Saar-Nahe-Becken

limnisch, fluviatil: in Seen bzw. Flüssen gebildet

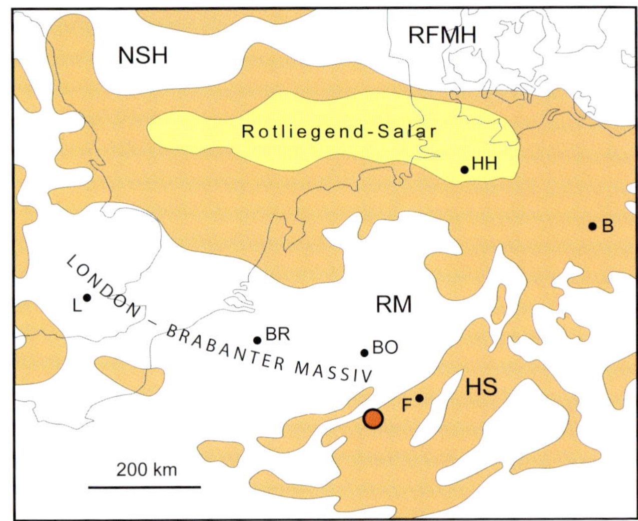

Paläogeographie des Oberrotliegenden. Das abflusslose Salar ist das Sammelbecken für die episodischen Regenfälle seines großen Einzugsgebietes und die damit verbundenen Salzeinträge. NSH: Nordsee-Hoch, RFMH: Ringkøbing-Fyn-Møns-Hoch, RM: Rheinisches Massiv, HS: Hessische Senke, B: Berlin, BO: Bonn, BR: Brüssel, F Frankfurt, HH: Hamburg, L: London. Verändert nach ZIEGLER (1982).

von Sümpfen mit geringer Reliefenergie, die die Möglichkeit zur Bildung von Kohlenflözen schafften, abgelöst werden.

Durch Hebungen am südwestlichen Rand des Beckens Ende des Westfals, als auch die Anlage des Saarbrücker Hauptsattels erfolgte, kehrte sich die Abflussrichtung im Saar-Nahe-Becken zu Beginn des Stefan A von S/SW nach N/NE um. Dabei entstanden erstmalig Seen mit ihren charakteristischen Ablagerungen, die auch für das Unterrotliegende typisch sind. Erst im Oberrotliegenden nach der Ausbildung des SE-vergenten Saarbrücker Hauptsattels (= Pfälzer Sattel in der Verlängerung nach NE) in der saalischen Phase (Grenze Unter-/Oberrotliegendes) verbindet sich das Saar-Nahe-Becken mit dem Saale-Trog zu einem einheitlichen, nach NE gerichteten Becken, dem über 500 km Länge aufweisenden Saar-Selke-Trog.

Vom Beginn des ältesten Oberkarbons bis zum Übergang zum Rotliegenden vor ca. 300 Mio. Jahren verschob sich Pangäa nach N, sodass die Saar-Nahe-Senke nun in den Randtropen (± 10° N) lag.

Diskordanz in Niederwörresbach: Hunsrückschiefer (rechts), Unterrotliegendes (links).

Das **Unterrotliegende (Glan-Subgruppe)** ist auf dem NW-Flügel der Nahe-Mulde als (grobe) Randfazies vertreten im Gegensatz zur Beckenfazies des SE-Flügels. Die fluviatile Sedimentation beginnt auf dem NW-Flügel mit den **Oberen Kusel-Schichten,** die mit 280 m etwas mächtiger als die sandig-tonig-karbonatische Beckenfazies mit 230 m sind, da der Abtragungsschutt des Hunsrücks nicht weit in das Becken geschüttet wird. Das Beckentiefste muss also relativ nahe am S-Rand des Hunsrücks (10 – 15 km) gelegen sein. Weiter im S stammen die Sedimente aus dem Hochgebiet von Schwarzwald und Vogesen.

Das Unterrotliegende

Gang: Spaltenfüllung in Festgesteinen

In dieser tiefsten Einheit am Hunsrücksüdrand tritt eine konglomeratische Serie auf mit Komponenten des Hunsrücks in Form von Geröllen (Taunusquarzit, Gangquarz, Hunsrückschiefer, aber auch Metadiabas). Dabei können mehrere Schüttungskegel als Ausdruck von Paläorinnen am Fuß des sich hebenden Gebirges beobachtet werden (z. B. Idar-Oberstein, Langenthal). Die z. T. mächtigen Konglomerate weisen häufig Komponenten auf (Durchmesser bis 50 cm), deren Geröllachse senkrecht zur Schichtung verläuft. Dies zeigt, dass hier kein rein fluviatiler Transport, sondern ein Transport in einem Massestrom vorliegt. Daher wird das bereits im Hunsrück aufbereitete und möglicherweise dort schon umgelagerte Material bei Starkregen als Mure in das Becken transportiert worden sein.

Mure: Schlamm- und Gesteinsstrom in oder am Rand von Gebirgen

Diskordanzen als Zeugnisse tektonischer Prozesse

Wesentlich sind Diskordanzen des (nicht gefalteten) Unterrotliegenden über dem gefalteten Hunsrück-Variszikum. An zwei Stellen (Niederwörresbach, Langenthal) lässt sich die Überlagerung zeigen und dadurch auch die Zeitdauer der variszischen Faltung eingrenzen. In Langenthal befindet sich im Liegenden mächtiger Fanglomerate der Oberen Kusel-Schichten sogar noch eine tropische Bodenbildung über Serizitphylliten der Metamorphen Südrandzone des Hunsrücks, bei Niederwörresbach überlagern Siltsteine der Lebach-Schichten Tonschiefer des Hunsrückschiefers.

Fanglomerat: verfestigter, ungeschichteter und unsortierter Schutt einer Mure

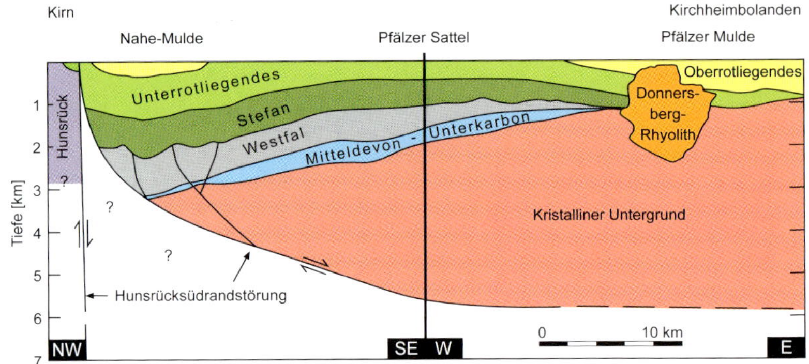

Querprofil durch den S-Rand des Hunsrücks und das anschließende Saar-Nahe-Becken zwischen Kirn im NW und Kirchheimbolanden im SE. Von der Hunsrücksüdrandstörung an der Oberfläche gehen zwei Störungsflächen aus, eine nahezu senkrechte und eine listrische, nach S immer flacher werdende Störung. Verändert nach HENK (1992).

Papierschiefer: äußerst dünn geschichtete Tonsteine (Schieferton)

Die hangenden **Lebach-Schichten** (mit der Karbon-Perm-Grenze) entwickeln sich aus den liegenden Kusel-Schichten als feinkörnigere, faziell stärker wechselnde Gesteinsserie. Die Schüttungskegel sind jetzt teilweise mit Konglomeraten präsent (Idar-Oberstein, Simmertal) und gehen in Richtung Becken in Sandsteine über. In den höheren Lebach-Schichten verzahnen sich bereits auf der NW-Flanke der Nahe-Mulde sandige mit tonigen Ablagerungen und leiten so zur Beckenfazies über, die bitumenhaltige Tonsteine, Toneisenstein-Konkretionen, Papierschiefer und bituminöse Kalke aufweist. Letztere führen eine Vielzahl von Fossilien. Der Sedimentationsraum der Lebach-Schichten bot durch die große Verbreitung von Seen optimale Lebensbedingungen für viele Tier- und Pflanzenarten. Die Mächtigkeit dieser Einheit beträgt in der Randfazies 300 m, in der Beckenfazies 700 – 800 m.

Die Sandsteine der **Tholey-Schichten** im Hangenden der Lebach-Schichten sind vor allem von S geschüttet worden. Die Kornvergröberung der Sedimente der Tholey-Schichten bei fluviatilen Bedingungen gegenüber den vor allem lakustrinen Lebach-Schichten weist auf höhere Energiebedingungen bei der Erosion bzw. auf schnellere Abflussraten im Ablagerungsraum hin, also auf instabilere Abtragungs- und Ablagerungsverhältnisse. Die Mächtigkeiten auf dem NW-Flügel der Nahe-Mulde scheinen bei ca. 60 m und auf der SE-Flanke bei 150 m zu liegen. Hierin zeigt sich der starke Sedimentationseintrag aus südlicher Richtung.

Das Oberrotliegende

Mit dem Einsetzen des **Oberrotliegenden (Nahe-Subgruppe)** im tiefen Perm vor ca. 290 Mio. Jahren finden stärkere tektonische Bewegungen statt. Zeitlich ist hier die saalische Phase einzuordnen, in der auch die S-gerichtete Überschiebung des Saarbrücker Hauptsattels stattfand. In diesem Zusammenhang sind auch die weit verbreiteten Intrusionen von Rhyolithen und der in Beziehung zur Hunsrücksüdrandstörung stehende intensive Vulkanismus zu sehen.

Rhyolith: s. Abb. Streckeisen-Diagramm Seite 32

Faziesbereiche innerhalb der Nahe-Mulde

Das Oberrotliegende auf der NW-Flanke der Nahe-Mulde zwischen Idar-Oberstein, Kirn und Monzingen ist in Wadern-Fazies (Bajada-Sedimente) ausgebildet, die sich nach SE mit der Sponheim-Fazies (Playa-Sedimente) verzahnen. Die Wadern-Formation besteht aus roten Sedimenten, meist Fanglomerate, selten Konglomerate, denen geringmächtige Sandstein- und Tonstein-Lagen eingeschaltet sind. Fanglomerate (mit eckigen bis meist wenig gerundeten Geröllen; thermische Verwitterung in wüstenartigen Gebieten) sind als Schuttströme bzw. Muren transportiert worden, Konglomerate (mit gerundeten Geröllen) fluviatil. Erstere können aufbereitetes Grobmaterial bei einer Schichtflut in einem ariden bis semiariden Klima aus dem Gebirge in das Becken transportieren. Diese Grobklastika bilden

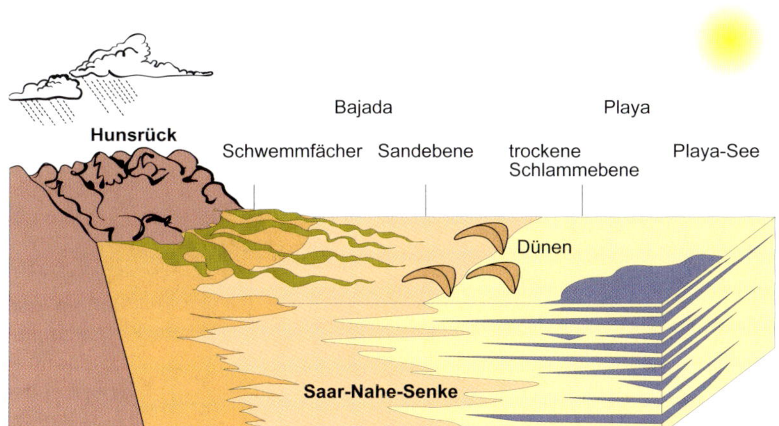

Faziesmodell für die Oberrotliegend-Sedimente. In der Saar-Nahe-Senke bildet sich eine Bajada-Playa-Faziesverzahnung heraus. Verändert nach STOLLHOFEN (2007); mit frdl. Genehmigung durch STOLLHOFEN.

Bajada: Schwemmfächer am Gebirgsfuß in einem intramontanen, ariden oder semiariden Becken mit episodischer Wasserführung.
Playa: Tektonischer Senkungsbereich umgeben von Schwemmfächern. Je nach Höhenlage, Sediment- und Lösungseintrag, Wassermenge, Verdunstung und Abflussmöglichkeit gibt es Übergänge zwischen Ton-Playa und Salz-Playa (= Salar). In den Playas können sich in regenreichen Perioden zeitweilig Süßwasserseen bilden.
Salztonebene = Sabkha (Sebkha/Sebcha) = Salar: Ein Salar ist der zentrale Teil abflussloser Becken in heiß-ariden Klimaten. Die Oberfläche ist durch die Flusswasser-Verdunstung stark mit Salz(en) angereichert. Von den rein terrestrischen Salaren (Inland-Salar) sind die Küstensabkhas zu unterscheiden. Letztere werden durch Überflutungen vom Meer mit Salz angereichert.
Fossile terrestrische Salare: Norddeutsches Rotliegend-Becken.
Fossile Küstensabkha: Zechstein-Becken (Randbereich).
Rezente terrestrische Salare: W-, NW-Argentinien/Chile/Bolivien.
Rezente Küstensabkha: Persischer Golf (Iran, VAR, Saudi-Arabien u. a.).

Schwemmfächer, die sich über die Hunsrücksüdrandstörung vom Gebirge in das Ablagerungsbecken hin ausgebreitet haben. In dem Oberrotliegenden westlich Birkenfeld und in der Prims-Mulde ist ein Nebeneinander von Wadern-Fazies, Rhyolithbrekzien bzw. -konglomeraten, Lavadecken und Tuffen/Tuffiten zu beobachten.

Brekzie: durch ein Bindemittel verfestigte eckige Gesteinsbruchstücke

Tuff: vulkanische Ascheablagerung

Tuffit: feinkörniges, vulkaniklastisches Sediment mit 25–75 Gew.-% vulkanischem Material

Das Saar-Nahe-Becken hatte mit dem südlicheren Oos-Trog über die Hessische Senke Verbindung mit dem Vorfluter der damaligen Zeit, dem E–W-streichenden Perm-Becken, welches sich von N-Polen bis Mittelengland erstreckte. Dieses muss aufgrund seiner großräumigen Salzablagerungen als abflusslose Playa wenig über dem Meeresspiegelniveau die gesamten Niederschläge vor allem von S und E gesammelt haben. Seine damalige Lage auf ca. 25° nördlicher Breite ähnlich der heutigen Sahara spricht für hohe Verdunstung in einem kontinentalen Bereich. Eine ähnliche Position, aber auf der Südhalbkugel, besitzen heute die Salare um das Länderdreieck zwischen Argentinien, Chile und Bolivien, ebenfalls in einem wüstenartigen Bereich. Der Wadern- und Sponheim-Formation vergleichbare Sedimente treten heute in den hoch gelegenen Innensenken der Pampinen Sierren in W-Argentinien auf. Diese besitzen perennierende, meist trocken fallende Schuttflächen, die zu den Salaren in den abflusslosen Senken entwässern.

Ablagerungen des Zechsteins

Südlich Nohfelden (westlich St. Wendel) treten rote fein- bis mittelkörnige Sandsteine des **Zechsteins (Winterbach-Schichten)** auf, die diskordant über Unterrotliegend-Sedimenten liegen. Diese Ablagerungen besitzen nur eine geringe Geröllführung, sind teilweise schräggeschichtet, weisen Dolomitknauern auf und, was besonders bedeutsam ist, zwar selten, aber als Hinweis auf eine marine Entstehung, Glaukonit. Dieses Mineral wird im Flachmeerbereich gebildet. Daraus erschließt sich eine küstenbeeinflusste, sandige Sabkha des Zechstein-Meeres.

Dies zeigt, wie in einem kontinentalen Sedimentationsgebiet durch eine Transgression des Zechstein-Meeres bis nach Süddeutschland sogar im südlichen Randbereich des Saarbrücken-Pfälzer Sattels zumindest Küstenablagerungen entste-

Dolomit: Calciummagnesiumkarbonat ($CaMg(CO_3)_2$)

Knauern: knollenartige Konkretionen

Glaukonit: im marinen Bereich gebildetes Glimmermineral

Transgression: Vorrücken des Meeres auf das Festland

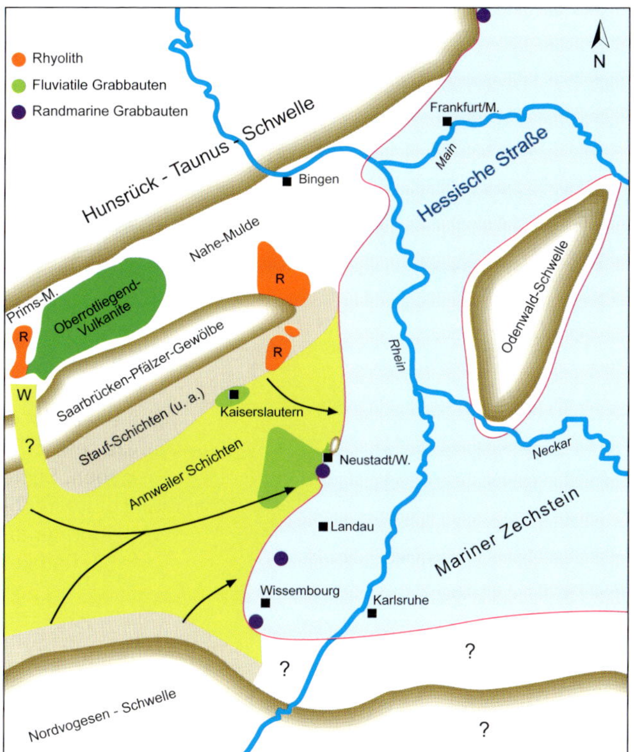

Paläogeographische Rekonstruktion des SW-deutschen Raumes zu Beginn der Ablagerung der Annweiler Schichten. Die Region nördlich des Saarbrücken-Pfälzer Gewölbes bleibt in dieser Zeit Hochgebiet. W: Winterbach-Schichten (Küstensabhka) im St. Wendeler Graben. Verändert nach HORNUNG (1999).

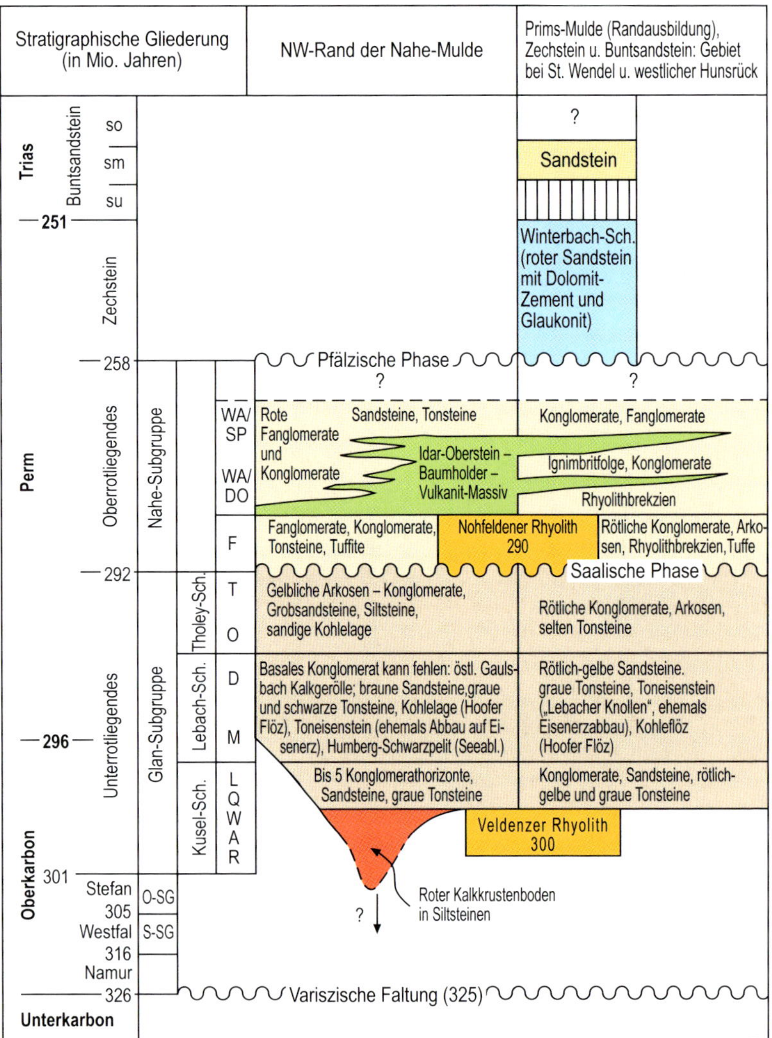

Die Gesteinsabfolge vom Oberkarbon bis zur Trias am NW-Rand der Nahe-Mulde und in der nördlichen Prims-Mulde. O-SG: Ottweiler-Subgruppe, S-SG: Saarbrücken-Subgruppe, WA/SP: Wadern-/Sponheim-Formation, WA/DO: Wadern-/Donnersberg-F., F: Freisen-Subformation, T: Thallichtenberg-F., O: Oberkirchen-F., D: Disibodenberg-F., M: Meisenheim-F., L: Lauterecken-F., Q: Quirnbach-F., W: Wahnwegen-F., A: Altenglan-F., R: Remigiusberg-F. Nach verschiedenen Autoren.

hen konnten. Im Zechstein herrschte wie im Oberrotliegenden ebenfalls ein arides Klima, was Voraussetzung für die Bildung der mächtigen Salzablagerungen im flachmarinen Randbecken des norddeutschen und hessischen Raumes war. Die Meeresbucht im Zechstein reichte nach S bis zu den Vogesen, nach W mit sandiger Fazies wohl nur bis kurz über Saarbrücken hinaus. Marine Karbonate und Pelite des Zechsteins sind in der Pfalz (Rothenberg-Schichten, Speyerbach-Schichten) in die terrestrische Fazies (u. a. Annweiler Schichten, Stauf-Schichten) eingeschaltet. Die Sedimente des klastischen Zechsteins der Pfalz können sowohl von N vom Saarbrücken-Pfälzer Gewölbe als auch von der südlichen Nordvogesen-Schwelle hergeleitet werden. Demnach scheinen die beiden Strukturen, das Saarbrücken-Pfälzer Gewölbe und die wohl randlich am Hunsrück morphologisch hoch gelegene Nahe-Senke (mit ihren verwitterungsresistenten Vulkaniten) nicht von Zechstein-Sedimenten bedeckt gewesen zu sein. Diese Situation setzt sich im Mittleren Buntsandstein fort, wobei letzterer mit Schichtlücke über dem Zechstein-Sandstein bei St. Wendel folgt.

Pelit: feinkörniges Sediment

terrestrisch: auf dem Festland bzw. den Landflächen gebildet

Sedimente des Buntsandsteins

Die hier vorliegenden **Buntsandstein**-Grobklastika, ockerfarbenes Konglomerat mit sandiger Matrix, treten isoliert südlich des Nohfeldener Rhyoliths auf. Sie besitzen heute keine Verbindung zu den Vorkommen weiter westlich bei Nunkirchen und am S-Rand des Hunsrücks bei Greimerath. Mit allen diesen Vorkommen kann aber die ehemalige Verbreitung des Mittleren Buntsandsteins annähernd nachvollzogen werden. Der Hunsrück wird nur an seinem W-Rand in den Buntsandstein-Sedimentationsraum einbezogen, da die hohen Taunusquarzit-Rücken keine diskordante Überlagerung ermöglicht haben. Dies gilt auch für die gesamte Trias, den Jura und die Kreide, eine Zeit, in der der Hunsrück bzw. die sogenannte Rheinische Insel in ihrer Gesamtheit randlich von Sedimenten bedeckt wurde, aber in zentralen Teilen der tropisch-subtropischen Verwitterung ausgesetzt war.

Der permokarbonische Vulkanismus

Die ungefähr an der Perm/Karbon-Grenze aufgedrungenen Magmen, die Rhyolith-Intrusionen, sowie die im tiefen Oberrotliegenden entstandenen mächtigen subaerischen Vulkanite der Saar-Nahe-Senke sind an die ehemalige Plattengrenze gebun-

Die mächtigen Lavadecken in Idar-Oberstein erzeugen ein ausgeprägtes Relief.

den. Durch die Auflösung der Subduktionszone unter der ehemaligen Mitteldeutschen Kristallinschwelle, die im Permokarbon in eine Senkungszone umgewandelt wird, dringen zuerst Rhyolithe (70 – 75 % SiO_2) als Dome in die permokarbonischen Sedimente ein, kühlen dort ab und treten nur lokal an die Oberfläche. Bei weiterer Absenkung der Saar-Nahe-Senke, die mit Dehnung vor allem an der tief reichenden Störung, der Hunsrücksüdrandstörung, verbunden ist, extrudieren die mächtigen Vulkanite mit Zentrum Idar-Oberstein – Baumholder. Der Chemismus dieser basischen bis sauren Gesteine zeigt, dass sie aus einer unterschiedlichen Mischung von Mantel- und Krustenmaterial bestehen. Die Bildung der Basalte (< 52 % SiO_2) erfolgt im Mantel in ca. 30 – 50 km Tiefe, die der saureren Magmen (52 – 70 % SiO_2) wird durch Aufschmelzung von Krustenmaterial in Magmakammern beeinflusst. Aus dem Vorkommen von basischen und sauren Magmen ergibt sich ein bimodaler Vulkanismus. Nach dem Chemismus liegt vor allem ein kalkalkaliner Magmatismus der Reihe Basalt – Latiandesit – Andesit – Dazit – Rhyodazit – Rhyolith an einer ehemaligen Plattengrenze in einer Senkungszone vor.

Ursache des Vulkanismus

Die Unterschiede der Vulkanite in ihrem Chemismus bildeten sich beim Aufstieg durch Aufschmelzung von Nebengestein in Magmakammern heraus. Die Einsprenglings-Olivi-

Zur Zusammensetzung der Vulkanite s. auch Abb. Seite 32

ne und -Pyroxene kristallisierten neben den Plagioklasen bei Temperaturen von ca. 1 260 – 1 060 °C in maximal 20 km tiefen Magmakammern aus. Die Laven haben nach ihrer Bildung noch Mineralumwandlungen (Temperaturbereich 350 – 20 °C) und in den ehemaligen Gas-Hohlräumen die Füllung mit Mineralen, vor allem Achat, erfahren. Die Füllung der meisten Blasenräume (Mandeln) erfolgte autohydrothermal und/oder postmagmatisch in mehreren, zeitlich getrennten Schüben zwischen 267 und 235 Mio. Jahren vor der Kupfervererzung in Fischbach, die auf 235 Mio. Jahre datiert ist und nicht mit dem Vulkanismus in Verbindung steht.

Achatbildung s. Seite 36

autohydrothermal: Veränderung des Mineralbestandes der Vulkanite durch magmatische Wässer

Die rhyolithischen Vulkanite

Die ersten vulkanischen Gesteine, die Rhyolithe, sind vor allem subvulkanischer Genese. Subvulkanisch bedeutet, dass diese sauren Gesteine aus der in Auflösung begriffenen Subduktionszone als erstes aufgeschmolzen wurden, wie ein Pfropfen nach oben aufgestiegen und dabei größtenteils weit unter der Oberfläche erkaltet und dort stecken geblieben sind. Beim Aufstieg haben sie lokal oberkarbonische Sedimente mit hochgeschleppt. Parallel zur Intrusion der Rhyolithe an der Unter-/Oberrotliegend-Grenze laufen die Bewegungen der saalischen Phase ab. Damit gehen auch Reliefveränderungen einher. So konnte das Oberrotliegende diskordant über Unterrotliegendes nach N übergreifen.

Das Nohfeldener Rhyolithmassiv ist mit 45 km^2 das größte Rhyolithvorkommen in Südwestdeutschland. Das Magma ist vor 290 Mio. Jahren im tiefen Oberrotliegenden aufgedrungen. Diese sauren Gesteine schmelzen bei 650 – 700 °C, früher als basische Gesteine in einer Subduktionszone, die 1 000 – 1 200 °C benötigen, um an Schwächezonen hochzudringen. Die großen Rhyolithkomplexe finden sich vor allem an den Flanken großer Struktureinheiten:

- Nohfeldener Rhyolith am S-Rand der Prims-Mulde
- Kreuznacher Rhyolith am S-Rand der Nahe-Mulde
- Donnersberg-Rhyolith am S-Rand des Pfälzer Sattels.

Ein weiteres kleines Vorkommen bei Düppenweiler/Saarland liegt ebenfalls am S-Rand der Prims-Mulde. Damit begleiten diese Gesteine vor allem die langgestreckte Sattelzone, die sich von der Pfalz (Pfälzer Sattel) in das Saarland (Saarbrücker Hauptsattel) verfolgen lässt. Verlängert man die Achse des Nohfeldener Rhyoliths über den Rhyolith von Wilzenberg-

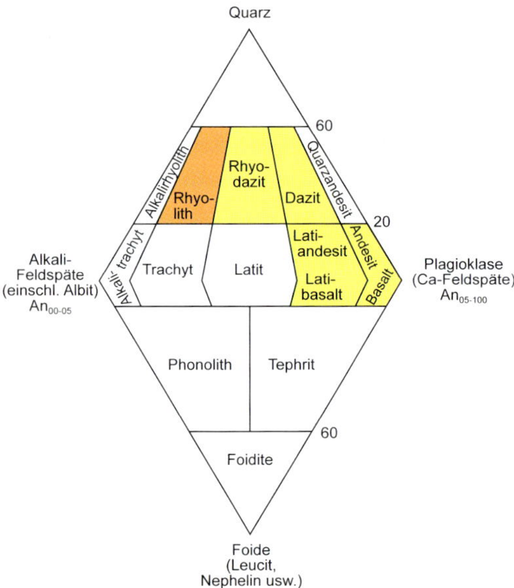

Streckeisen-Diagramm der vulkanischen Gesteine (vereinfacht). Die Klassifikation basiert auf den Anteilen von Quarz, Alkalifeldspat, Plagioklas und Foiden (Feldspatvertreter). Die gelb und orange hinterlegten Felder kennzeichnen die Rhyolithe und die im Idar-Oberstein – Baumholder Vulkanitmassiv auftretenden Gesteine.

Hußweiler am Hunsrücksüdrand nach NE, so trifft diese auf die „Rhyolith-Perlenkette" von Rhaunen – Gemünden – Sargenroth nördlich des Soonwald-Antiklinoriums. Diese Linie verläuft ungefähr parallel zur Achse der Nahe-Mulde.

Die Rhyolithdome unterliegen bereits im tiefen Oberrotliegenden der Abtragung. In der Umgebung des Nohfeldener Rhyolithmassivs tritt eine Rhyolithbrekzie aus gefördertem Ausbruchsmaterial und Abtragungsschutt auf. Erosionsprodukte dieses Rhyoliths und der anderen großen Intrusionen weiter östlich befinden sich im Liegenden der Lavadecken mit dem Zentrum Idar-Oberstein – Baumholder.

Antiklinorium: sattelförmiges Großfaltensystem

Arkose: Feldspat führender Sandstein

Profil durch die Vulkanite bei Idar-Oberstein *s. Abb. Seite 35*

Nach der Sedimentation der tiefsten Oberrotliegend-Einheit mit Tonsteinen, Tuffen, konglomeratischen Arkosen und Sandsteinen (Freisen-Subformation) setzte der subaerische Vulkanismus vor ca. 272 Mio. Jahren ein, dessen Laven im SE der Hunsrücksüdrandstörung im Raum Oberstein – Baumholder bis über 900 m, im NW der Verwerfung bei Idar und Algenroth 200 – 600 m mächtig werden. Es handelt sich bei den Ausbrüchen um Spalteneruptionen, obwohl auch einige Schlote knapp südlich der Hunsrücksüdrandstörung nachgewiesen sind. Mindestens zwei kleine Intrusivkörper sind in die Lavadecken eingedrungen.

Sedimente trennen unterschiedliche Lavadecken

Durch die Vulkanite bildet sich verstärkt ein unruhiges Relief aus. In den vulkanischen Ruhephasen bilden sich Sedimente, die einzelne Lavadecken gut voneinander abtrennen. In diesen Ablagerungen finden sich Konglomerate, Sand-, Silt- und Tonsteine, aber auch Tuffe. Der Vulkanismus dürfte über eine Gesamtdauer

Die in die Lavadecken hineingebaute Felsenkirche sowie Schloss Oberstein hoch über Idar-Oberstein.

von 5 Mio. Jahren (272 – 267 Mio. Jahre) angehalten haben und folgte den Rhyolith-Intrusionen ca. 20 Mio. Jahre später.

Im Gefolge dieses Vulkanismus treten sekundäre Mineralbildungen auf, die datiert werden können (Seladonit, Adular). Diese entstanden im Zuge mehrerer Hydrothermalphasen (K-Metasomatose) im Zeitraum zwischen 270 und 219/224 Mio. Jahren. Damit kann auch die Mandelbildung in den vulkanischen Gesteinen zeitlich grob auf ein Alter zwischen 267 und 235 Mio. Jahren eingeengt werden.

hydrothermal: durch heiße, gas- und salzreiche wässrige Lösungen entstanden

Metasomatose: stoffliche Veränderung durch heiße, mineralhaltige Lösungen

Es hängt von der lokalen Mächtigkeit der Vulkanite und der zwischenzeitlichen Erosion ab, wo der nächstjüngere Lavastrom abgelagert wird. Während der Eruptionsphase vor 272 – 267 Mio. Jahren muss sich der Ablagerungsraum südöstlich der Hunsrücksüdrandstörung gegenüber dem NW-Bereich gesenkt haben, weil hier 12 Lavadecken im SE den 6 Lavadecken im NW gegenüberstehen. Insgesamt sind 13 Vulkanitbauten und 2 Intrusionen nachzuweisen. Diese können in Vulkanittypen basaltischer bis rhyodazitischer Zusammensetzung (tholeiitische bis kalkalkaline Gesteine) unterschieden werden. Die dünnflüssigen Laven extrudierten vor allem aus Spalten entlang der Hunsrücksüdrandstörung im Streichen der Nahe-Mulde. Dabei flossen sie von den morphologisch höher gelegenen Punkten zu tieferen Gegenden, wobei letztere von Idar-

Lavadecke: Zusammenfassung petrogenetisch gleicher und aneinandergrenzender Lavaströme

Oberstein aus vor allem in östlicher Richtung zu suchen sind. Der Mächtigkeit im Bereich Idar im NW der Störung mit 270 m stehen südlich dieser Störung 955 m am Rilchenberg gegenüber. Dies hebt die morphologischen Unterschiede im Rotliegend-Becken und im Depot-Zentrum im Raum Idar-Oberstein – Baumholder – Birkenfeld hervor, das Ausläufer weit nach NE, aber auch nach SW besitzt. In der Prims-Mulde können bis zu 6 Lavadecken unterschieden werden, die teilweise durch Sedimente getrennt werden. Eine Lavadecke baut sich dabei aus vielen Lavaströmen mit geringen bis großen Mächtigkeiten auf.

Die Abfolge der Lavadecken

Die älteste Lavadecke, der Latibasalt (Typ Hasenklopp), ist nur südlich der Hauptstörung vor allem zwischen Idarbach und dem Siesbach südlich Algenroth nachzuweisen. In ihrem Hangenden treten Sedimente auf, die eine Pause in der vulkanischen Aktivität anzeigen. Die nächste Lavadecke, der Latiandesit (Typ Steinkaulenberg), lässt sich auf beiden Seiten dieser Störung beobachten, wenn auch geringmächtig im Vollmersbachtal (SE-Scholle). Die nur ca. 3 km breite NW-Scholle mit der südlich begrenzenden Verwerfung mit ihrem SW – NE-Verlauf zieht annähernd beim Edelsteinbrunnen im Stadtteil Idar über das Idarbachtal hinweg. Vor allem südlich dieser Störung treten in Sedimenten mehrere Vulkanschlote auf.

Teilweise über einer geringmächtigen Sedimentlage folgt der mächtige Rhyodazit des Typs Rilchenberg nur im SE, während die nächste Lavadecke, ein Dazit (Typ Finkenberg), sowohl im SE als auch im NW ausgebildet ist. Sie bildet auch die Schlucht bei Hammerstein-Enzweiler und erreicht auf der NW-Scholle von allen Vulkaniten die größte Mächtigkeit (150 m). Wieder über einem dünnen Sedimentpaket tritt der Latiandesit vom Typ Göttenbach auf, der als schmales Band über dem Dazit nördlich des Liesergrabens über den Klotzberg-Rücken hinwegzieht.

Der nächste Vulkanit, der Navit vom Typ Idar, erreicht Mächtigkeiten um 100 m. Er ist zwischen Galgenberg und Algenroth zu finden und bedeckt den südlichen Teil des Klotzberges und zieht im Streichen nach Göttschied. Der hangende Latiandesit vom Typ Klotzberg bildet lokal die Bergspitzen nördlich und östlich Enzweiler, bei der Klotzberg-Kaserne einen Großteil des Gebietes zwischen Nahe im W und Idarbach im E sowie einen breiten Streifen von Göttschied über den Talboden beim Pfaffenberg und die Felsenkirche. Er taucht weiter östlich und südlich, bedingt durch die Struktur der Nahe-Mulde, unter das Talniveau. Der hangende zweite Navit mit seinen großen Pla-

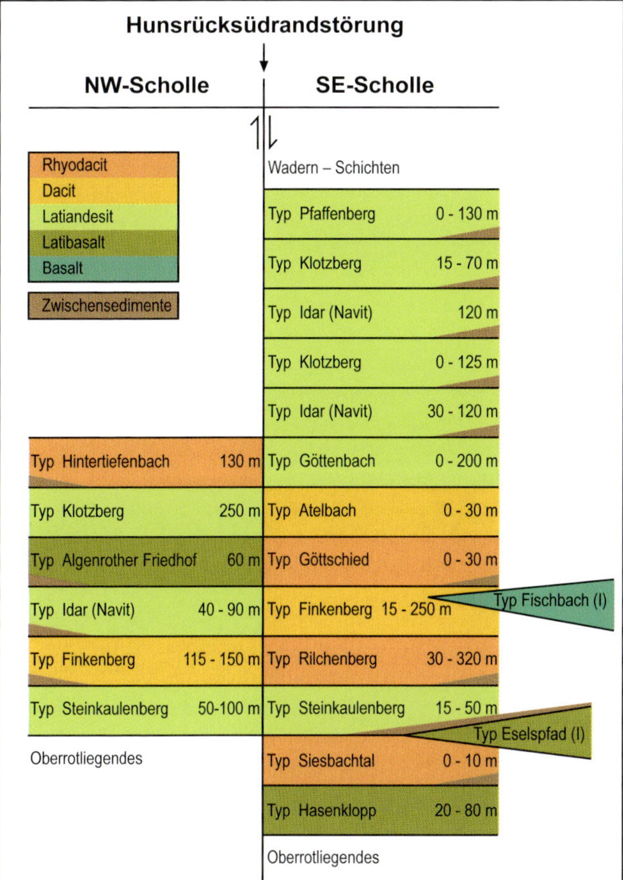

Schematisches Querprofil durch die Vulkanite bei Idar-Oberstein. Die Lavadecken keilen teilweise aus und liegen deshalb örtlich diskordant übereinander. Die vor allem im nördlichen und nordöstlichen Bereich auftretenden Sedimentlagen zwischen den Lavadecken weisen Mächtigkeiten von 0,2 – 40 m auf. I = intrusiv.

gioklas-Einsprenglingen (= Latiandesit) sowie die Latiandesite vom Typ Klotzberg und Typ Pfaffenberg folgen als letzte Vulkanite unter den konglomeratischen Oberrotliegend-Sedimenten. Nahe der Hauptstörung überlagert im Stadtteil Algenroth im Bereich der NW-Scholle noch ein Latibasalt vom Typ Algenrother Friedhof den (älteren) Navit.

Achatbildung – Mineralisierung in Blasenräumen

Entgasungsvorgänge beim Magmenaufstieg

Wie man von heutigen Magmen weiß, besitzen diese einen hohen Anteil an gelösten Gasen, vor allem Kohlendioxid und Wasserdampf. Durch ihren Überdruck bewegt sich das Magma langsam nach oben. Erst bei Druckentlastung, z. B. bei Bewegungen entlang von Spalten (Erdbeben) oder bei Zufuhr einer großen Menge Magmas über einer aufschmelzenden Subduktionszone kommt das Magma an die Oberfläche. Dabei entgast das 1 000 – 1 200 °C heiße Magma und fließt als Lavastrom über die Landoberfläche, wobei Ober- und Unterseite schneller abkühlen als die zentralen Lavabereiche. Deshalb bleiben in den äußeren Zonen viele Gasblasen erhalten, während die heißere zentrale Lava noch entgasen konnte. Deren Gasbläschen stiegen nach oben und konnten sich zu größeren Blasenräumen vereinigen, wobei ein kompakteres Gestein zurückblieb. Bei der Strömung der Lava werden die Gasbläschen in Fließrichtung ausgelängt. Dabei verläuft die Auslängung der Blasenräume im Latiandesit Typ Steinkaulenberg in NW – SE-Richtung, also senkrecht zur Hunsrücksüdrandstörung. Das bedeutet nach SCHMITT-RIEGRAF (2003) wahrscheinlich die Herkunft der Laven „aus langgestreckten Spalten ... parallel zum Streichen der Nahemulde“, wohl von der eben erwähnten Störung.

Ideal ausgebildeter Achat (Länge 11,5 cm) aus dem Steinkaulenberg in Idar-Oberstein. Foto: Rudolf Dröschel, Idar-Oberstein.

Nach der Erstarrung der Lava bei ca. 1 000 °C werden die Gase eingeschlossen. Bei einer Temperatur von ca. 400 °C kondensieren die Gase in den Blasenräumen zu wässrigen Lösungen, die das umgebende Gestein verändern und sich selbst mit Kieselsäure anreichern. Als erste Ausfällung in diesem hydrothermalen Milieu sind Chlorit (Delessit), der nicht mit dem Kupfermineral Malachit zu verwechseln ist, und Seladonit, ein Glimmermineral, zu beobachten. Danach folgen bei abnehmender Temperatur und geringerem Druck Achat, der aus Chalcedon-Schalen aufgebaut ist, sowie weiter nach innen vor allem Quarz-Varietäten (insbesondere Amethyst, auch Bergkristall und Rauchquarz) und Calcit.

Amethyst: Eine Quarz-Varietät, deren Farbe außer von Aluminium vor allem von Eisen abhängt, die Silizium als Zentralatom im SiO_4-Tetraeder als kleinstem Baustein der Quarzkristalle ersetzen (Farbzentren). Bei Gehalten von 300 ppm oder 0,03 % Eisen tritt die Violettfärbung auf. Bei Erhitzen auf 200 – 300 °C geht die Farbe in ein Grau über, bei 400 °C in ein Gelb.
Achat: Ein gebänderter Chalcedon.
Geode: Allgemeiner, aber kein einheitlicher Begriff. Er lässt sich sowohl auf Hohlraumfüllungen mit Mineralen als auch auf Konkretionen in Sedimenten anwenden. Konkretionen wachsen im Gegensatz zu Hohlraumfüllungen in Vulkaniten von innen nach außen.
Mandel: Vollständige Füllung eines Hohlraumes im Gestein mit Mineralen.
Druse: Unvollständige Füllung eines Hohlraumes mit Mineralen.
Enhydros: Bezeichnung für eine mit wässriger Lösung gefüllte Druse.

Auftreten der Achate

Die Achate treten besonders häufig im Latiandesit des Typs Steinkaulenberg sowie im Dazit Typ Finkenberg auf. Diese Vulkanite sind auf beiden Seiten der Hauptstörung zu finden. Vor der Bildung des Achats treten manchmal meist kleine Kristalle von Baryt, Calcit, Eisenglanz, Goethit und Zeolith auf, die später pseudomorph von Kieselsäure verdrängt werden können. In den Vulkaniten tritt auch Jaspis, mineralogisch ebenfalls Chalcedon, meist außerhalb der Mandeln auf Klüften auf. Der Anteil von Beimengungen, die ihm eine gelbe, braune oder rote Farbe geben, kann bis zu 20 % betragen. Deshalb ist er im Gegensatz zum Achat undurchsichtig und ist nicht gebändert.

Pseudomorphose: stoffliche Umwandlung von Mineralien unter Erhalt der Kristallform

Chalcedon: besteht aus krypto- bis mikrokristallinen Quarzfasern

Die großen Achatvorkommen in der Region Idar-Oberstein – Baumholder mit Ausdehnung bis in das Saarland beruhen auf den gasreichen Vulkaniten, die sonst in dieser Ausbildung nicht mehr in Deutschland auftreten. Weitere, aber nur kleinere Bestände finden sich als „Gangachat" in Rhyolithen Deutschlands, u. a. auch in den Rhyolithen der Saar-Nahe-Senke.

Achatbergbau in historischer Zeit

Die erste Erwähnung von Achaten der Region stammt nicht aus Idar-Oberstein selbst, sondern aus Metz. Ein Domherr hat die Achatvorkommen 1375 erstmalig erwähnt, also vor über 600 Jahren. Dies zeigt aber, dass diese schon vorher bekannt gewesen sein mussten, der Abbau sehr viel früher begonnen hatte. Die erste Obersteiner Urkunde mit dem Hinweis auf Achatbergwerke stammt aus dem Jahr 1454. Die Bedeutung der Vorkommen muss um 1600 sehr groß gewesen sein, da BANK (2003) berichtet, dass selbst der Juwelier Kaiser Rudolfs II. die Region besuchte und „mehrere Fässer sehr guten Achates und Jaspis" sammelte. Erst 1744 wird von COLLINI der Galgenberg mit sei-

Achate in der Historischen Edelsteinschleiferei Biehl, Asbacherhütte.

nen Gruben direkt erwähnt. 1812 wird beschrieben, dass die Achatgruben am Galgenberg auf einer Länge von ca. 1 km liegen. Sie wurden wahrscheinlich bis 1875 betrieben.

Die Kupfervererzung im Saar-Nahe-Becken

Eine Kupfervererzung lässt sich im Gebiet zwischen Kirn im NE und Nohfelden im SW nachweisen. Diese ist an die permischen Lavadecken in der Nähe der Hunsrücksüdrandstörung gebunden. Das Erz tritt sowohl in Gängen als auch in deren Nebengesteinen in Imprägnationszonen auf und gehört daher zu den Kupferimprägnationslagerstätten. Durch einen erhöhten Wärmefluss sind spät- und postmagmatisch Lösungen (heiße Fluide) zirkuliert, die neben der Kupfervererzung in einem reduzierenden Milieu auch Zersatzzonen in deren Umgebung geschaffen haben, was die Beweglichkeit der Lösungen verstärkt hat.

reduzierend: Sauerstoff-Defizit

Die Mineralisation hat bei Temperaturen von ca. 100 – 200 °C stattgefunden. Dies entspricht den Werten von 120 – 180 °C in der Eifel. Der Sulfidschwefel muss nach Schwefelisotopen-Untersuchungen von Fischbach aus Sedimentgesteinen und kann nicht aus magmatogenen Quellen stammen. Das Alter der Kupferlagerstätten im Saar-Nahe-Gebiet ist bisher an zwei Stellen mit Adular (K-Feldspat) bestimmt worden, dessen Bildung in

Achatfundstellen

Raum Nohfelden/Nonnweiler: Felder um Schwarzenbach, Sötern und Gimbweiler.
Raum Baumholder: Höffig sind die Felder in einem Halbkreis um Baumholder von Reichenbach im N über Heimbach und Berglangenbach im W und Fohren-Linden, Berschweiler bei Baumholder, Eschelbacherhof, Mettweiler, Breitsesterhof, Dennweiler-Frohnbach sowie Oberalben im S.
Raum Birkenfeld: Felder im Bereich Dienstweiler, Rimsberg, Schmißberg und Burbach. Dieser SW – NE-gerichtete Streifen gehört wie der Steinkaulenberg zum ältesten Vulkanismus. An der Nahe kann man fündig werden auf den Gemarkungen Hoppstädten-Weiersbach, Nohen und Kronweiler.
Raum Idar-Oberstein: Selbst im Stadtgebiet Idar-Obersteins kann man schöne Funde von Achat und Jaspis machen, ebenfalls in den Stadtteilen mit vulkanischen Gesteinen (u. a. Göttschied, Regulshausen, Enzweiler und Hammerstein). Eine höffige Zone zieht sich von Sonnenberg-Winnenberg und Frauenberg nach NE über Enzweiler/Hammerstein (Dazit Typ Finkenberg). Bekannte Fundorte sind: Steinkaulenberg, Galgenberg, Steinbruch Setz, Wäschertskaulen, Finkenberg, Vollmersbachtal, Regulshausen, Raum Göttschied, Klotzberg und Rilchenberg.

Zusammenhang mit den Kupfermineralisationen steht. Die Altersbestimmungen ergaben für das Kupfererzrevier Walhausen südlich Nohfelden/Saarland 219 und 224 Mio. Jahre, für Fischbach südwestlich Kirn 235 Mio. Jahre. Dies entspricht Keuper (200 – 235 Mio. Jahre). Damit gab es mehrere Hydrothermalphasen, die im Keuper in ganz Europa beobachtet werden können.

Im Saar-Nahe-Becken sind neben vielen kleineren Fundstellen drei Erzkonzentrationen feststellbar:

- Revier Fischbach-Hosenberg
- Revier Frauenberg-Sonnenberg
- Walhausen südlich Nohfelden/Saarland

Revier Fischbach-Hosenberg

Die Kupfervererzung von Fischbach im Hosenbachtal (Fischbacher Kupfergrube) tritt in den dort ca. 300 m mächtigen Vulkaniten des Idar-Obersteiner Vulkanitkomplexes an zwei Störungssystemen auf, dem älteren, 70 – 80° streichenden Gelben Gang und dem jüngeren, ca. 120° streichenden Hosenberger Gang. Ersteres Gangsystem (Gelber Gang und Parallelgänge) stellt ein Aufschiebungssystem dar (S-Scholle nach NNW aufgeschoben; Sprunghöhe 20 – 30 m), das zweite eine Abschiebung mit einer Sprunghöhe von 20 – 30 m (Hosenberger Gang mit dem Seitentrum des Birkenganges). An diesen bei-

Trum: geringmächtiger Gang

Frauenburg SW Idar-Oberstein. Diese Burg bot möglicherweise dem Kupferabbau bei Frauenberg-Sonnenberg Schutz.

den tektonischen Elementen treten noch zwei Kluftsysteme (Ruscheln) mit 15° und 55° auf, die unterschiedliche Erzführung besitzen. Die 15°-Richtung ist reich, die 55°-Richtung nur schwach vererzt. Der Gelbe Gang führt im Wesentlichen Eisensulfide (Pyrit, Markasit), während der Hosenberger Gang als Dehnungsstruktur den Aufstiegsweg für die hydrothermalen Kupferlösungen darstellt.

Die Ruschelzonen weisen stark mylonitisierten und hydrothermal zersetzten Dazit (Typ Finkenberg) auf. Meist führen sie nur Eisensulfide. Im Gegensatz zu den Ruschelzonen ist deren Nebengestein oft mehrere Meter mit Kupfererzen angereichert. Die Vulkanite weisen dabei eine deutliche Bleichung auf. Die blasenreichen Gesteine sind aufgrund ihrer Wegsamkeit für die hydrothermalen Lösungen sehr viel stärker vererzt als die dichten Partien. Die durchschnittlichen Erzgehalte liegen bei 1,5 – 2 Gew.-% (Maximum 37,5 Gew.-% an einer Erzkluft am Hosenberger Schacht; häufige Werte 0,2 – 5,2 Gew.-%). Das Schema der Mineralisation zeigt Ähnlichkeiten mit dem der Eifel.

Ruscheln: entstehen durch eine flächenhafte Zerrüttung des Gesteins

Vorphase und Alteration des Gesteins: Erzminerale: Pyrit, Markasit – Gangart: Calcit, Chlorit, Quarz (Silifizierung), Albit (Albitisierung der Feldspäte), Prehnit, Pumpellyit.

Hauptphase: Erzminerale: Bornit, Chalkopyrit – Gangart: Calcit.

Sekundärbildungen: Kupferglanz, Covellin, Malachit, Brochantit – Gangart: Gips, Limonit.

Gangart: nicht nutzbare Mineralien

Rezente Bildungen: Erzminerale: --- – Gangart: Calcitsinter, Eisenoxide/-hydroxide.

Aus der Reihenfolge der Auskristallisation und der Verdrängung durch die jüngeren Minerale ergibt sich eine erste Mineralisation mit Eisensulfiden (Pyrit, Markasit), die mit einer Bildung von Chlorit und Calcit (Propylitisierung) einhergeht. Die Hauptphase führt zu einer Kupfermineralisation (Buntkupferkies, Kupferkies), deren Produkte in späteren Phasen zu Sekundärbildungen umgewandelt werden können.

Die Kupfervererzung von Fischbach liegt nur knapp 700 m nordwestlich der wichtigen Hunsrücksüdrandstörung, die hier mit dem zum Gelben Gang parallel verlaufenden und ebenfalls nach SE einfallenden Türkengang identisch sein dürfte. Letzterer führt aus dem Seitzenbachtal nach NE über das Fischbachtal und Hosenbachtal in den Weywiesengraben.

Revier Frauenberg-Sonnenberg

Die zweite Kupfermineralisation, das Revier Frauenberg-Sonnenberg südlich Idar-Oberstein, ist ebenfalls an Vulkanite (Rhyodazite Typ Rilchenberg) gebunden. Die Erzminerale können wohl in die Vorphase mit Pyrit und Markasit sowie Hauptphase mit Bornit, Chalkopyrit und monoklinem Kupferglanz mit der Hauptgangart Calcit getrennt werden. Die Sekundärbildungen entsprechen wohl dem Vorkommen im Fischbachtal. Weiterhin werden von dieser Lagerstätte als Primärminerale Safflorit und Rammelsbergit sowie als Sekundärbildung u. a. Gediegen Kupfer erwähnt.

Revier Walhausen

Die dritte Kupfermineralisation, die ebenfalls Basis für historischen Bergbau war, tritt bei Walhausen (südlich Nohfelden) am Grubenberg in einem olivinführenden basaltischen Andesit am W-Ende des großen Vulkanitkomplexes von Idar-Oberstein – Baumholder auf. Der Abbau ging um auf vier zwischen 160° und 210° (30°) streichenden Gängen auf einer Länge von fast 1 km in einem Extrusivgestein mit Blasenräumen. Auch hier schuf der Bergbau wie in Fischbach unter Tage größere Weitungen. Wie bei den beiden anderen Vorkommen sind in dieser Lagerstätte ebenfalls zwei Mineralisationsphasen zu beobachten:

Phase I: Erzminerale: Galenit, Tetraedrit, Chalkopyrit I – Gangart: Calcit, Saponit, Adular, Quarz.
Phase II: Erzminerale: Chalkopyrit II, Chalkosin*, Digenit*, Anilit* (*Phasen im System Cu_2S-CuS), Bornit, Covellin – Gangart: Calcit.
Sekundärmineral: Malachit.

Die zweite Mineralisationsphase ist in diesem Erzfeld dominierend. Bedeutend ist bei diesem Vorkommen die Verdrängung von Plagioklasen durch hydrothermal gebildeten Kalifeldspat (Adular), der für die Altersbestimmung verwendet werden kann.

Eine Insel verwittert – Die mesozoisch-tertiäre Verwitterungsdecke

Seit der Hebung des Variszischen Gebirges über den Meeresspiegel an der Grenze Unter-/Oberkarbon ist der Kernbereich der Rheinischen Insel bis anfangs des Tertiärs Festland geblieben und somit einer lang anhaltenden Verwitterung ausgesetzt gewesen. Während dieser Zeit befindet sie sich zwischen 15° und 30° nördlicher Breite, also in den Tropen, und driftet in ca. 300 Mio. Jahren bis zum Beginn des Oligozäns nur ganz langsam nach N.

Die ältesten Bodenbildungen

Die ältesten Verwitterungsbildungen sind die tropischen bis subtropischen, aus siltigen Sedimenten hervorgegangenen „Roterde“-Kalkkrustenböden (Caliche-Paläoböden) unter dem Unterrotliegenden bei Langenthal (Obere Kusel-Schichten) im Randbereich des Hochgebietes, die zeitlich ungefähr an die Grenze Karbon/Perm vor 300 Mio. Jahren einzustufen sind und diskordant der Metamorphen Südrandzone des Hunsrücks auflagern. Die Bodenbildung hat sich in einem semiariden Klima vollzogen. Für die Bildung von Caliche-Böden wie die hier vorliegenden sind ausgeprägte Regen- und Trockenzeiten Voraussetzung. Die Bildung von Hämatit, der die Rotfärbung bedingt, wird durch hohe Temperaturen, Austrocknung und mikrobielle Zersetzung komplexbildender organischer Säuren begünstigt.

Hämatit: Roteisenstein, α-Fe_2O_3

Im Buntsandstein am W-Rand des Hunsrücks zeigen Violetthorizonte humid-tropisches bis semiarides Klima an. Die Profile an der Basis des Rotliegenden wie die im Buntsandstein sowie die rote Randfazies des Zechsteins bzw. deren Salinarablagerungen zeugen von der intensiven tropischen bis subtropischen Verwitterung im Bereich des Hunsrücks im Zeitraum zwischen 300 und ca. 245 Mio. Jahren vor heute.

Verwitterungsbildungen im Hunsrück

Doch auch der Hunsrück selbst weist Verwitterungsbildungen auf, die aber meist nur aus Bohrungen bekannt sind. Durch diese wurde nachgewiesen, dass die Verwitterung in Teilbereichen bis in 100 m Tiefe von der Oberfläche aus gerechnet fortgeschritten war. Dazu muss ins Gedächtnis gerufen

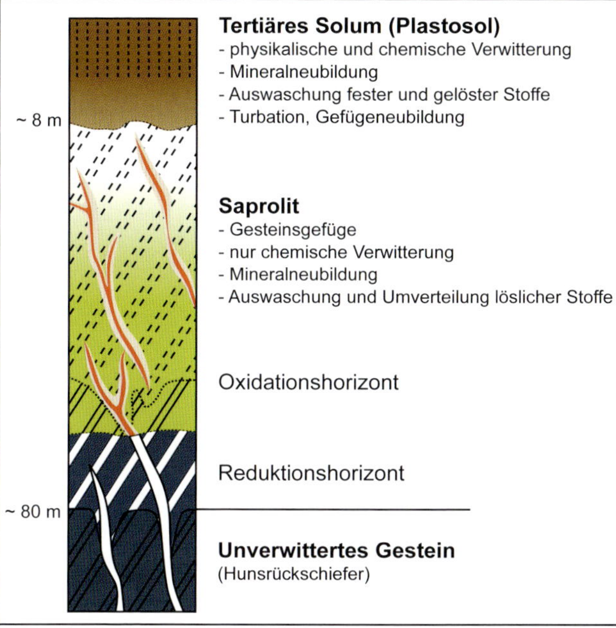

Gesamtprofil der mesozoisch-tertiären Verwitterungsdecke mit fossilem Bodenrest (Plastosol/Fersiallit). Die Überlieferung dieser mächtigen Verwitterungsdecke war nur durch die sehr viel geringere Erosion gegenüber der tief wirkenden tropischen Verwitterung möglich. Klüfte und Störungen weisen im Oxidationshorizont Hunsrückerze auf. Im fossilen Solum (oberflächliches Bodenmaterial) tritt die nur selten erhaltene, fossile tropisch-subtropische Bodenbildung auf, die lokal unter den oligozänen Meeressedimenten beobachtet werden kann. Vereinfacht nach FELIX-HENNINGSEN (1990).

werden, dass auch das gesamte Mesozoikum eine ausgesprochene Wärmezeit der Erdgeschichte war. Von der Trias bis in den Unteren Jura (Lias) herrschten weiterhin subtropisch-semiaride Bedingungen. Die Riffkorallen im Oberen Jura (Malm), die selbst noch weiter im N in England auftraten (30° nördlicher als heute!), zeigen wie die heute auf Wärme und Licht angewiesenen Arten tropische Bedingungen an. In der Kreide wurde das Klima humider. Dies wird u. a. an der Bildung von Kohlenflözen in Norddeutschland sichtbar. Zu dieser Zeit gab es wohl auch die höchsten Jahresmitteltemperaturen in der Erdgeschichte. Bis zur kurzzeitigen Transgression des Oligozän-

Meeres über den Hunsrück blieben die Klimaverhältnisse einigermaßen konstant. Im Oberrheingraben wurde noch kurz vorher an der Wende Eozän/Oligozän Steinsalz, teilweise sogar Kalisalz abgeschieden. Die Temperaturkurve zeigt nach einem Maximum anfangs des Eozäns eine leichte Abkühlung bis zum Oligozän. Das Klima pendelt dabei zwischen stärker humid und stärker arid.

autochthon: am Ort der Bildung liegend

Kaolinit: ein Tonmineral; Kaolin = Porzellanerde

Die Ausbildung der „mesozoisch-tertiäre Verwitterungsdecke" (MTV) genannten autochthonen kaolinitischen Tiefenwirkung ist vor allem während tropisch-subtropischer warm-humider Klimaphasen in Zeiten tektonischer Ruhe erfolgt. Kaolinit entstand dabei als Neubildung. Außerhalb des Hunsrücks im Nahe-Raum gibt es keine Hinweise auf kaolinitische Verwitterungsbildungen unter dem transgredierenden Tertiär. Nur im Bereich des Kreuznacher Rhyoliths wurde an einer ca. E–W-streichenden Störungszone starke Kaolinisierung unterhalb des Tertiärs vorgefunden. Die heutige Verwitterungsdecke über dem weit verbreiteten Hunsrückschiefer, der zu annähernd gleichen Teilen aus Quarz, Serizit (Muskovit) und Chlorit besteht, gliedert sich in das meist erst postglazial entstandene Solum und den Saprolit, die eigentliche Tiefenverwitterung. Ältere Arbeiten zählen nur den obersten Bereich des Saprolits, die „Weißverwitterung", zur Verwitterungsdecke, doch gehören auch die tieferen, olivgrau bis schwarzgrau gefärbten Zonen zur veränderten Gesteinsserie.

Die Entstehung der Saprolite

fersiallitische Böden: durch Kieselsäureabfuhr und Anreicherung von Fe- und Al-Oxiden (Sesquioxide) entstandene tropische Böden

Im Saprolit findet ein chemischer Verwitterungsprozess statt mit Auswaschung und Umverteilung löslicher Stoffe sowie mit einer Mineralneubildung. Bei diesem Vorgang wird die Gesteinsstruktur durch die schwer verwitterbaren Minerale Quarz und Muskovit (Serizit) erhalten. Bei fersiallitischen Bodenbildungen findet eine Desilifizierung statt. Berechnungen zeigen, dass ca. 25 % des SiO_2-Ausgangsvolumens verloren gehen.

Im Saprolit nimmt der Verwitterungsgrad zur Tiefe, vom Oxidations- zum Reduktionshorizont, ab. Im hangenden Oxidationshorizont zeigt sich die in situ-Verwitterung bereits optisch durch die starke Gesteinsbleichung, während im noch dunklen Reduktionshorizont nur eine mineralogische Abstufung durch Mineralneubildungen erfolgen kann. Der Reduktionshorizont kann oberhalb der Verwitterungsbasis der frischen Tonschiefer bis zu 40 m mächtig sein. An seiner Obergrenze verzahnt er sich mit dem Oxidationshorizont, der entlang von Klüften und Störungen keilförmig tiefer einsetzen kann. Im Oxidationshorizont erfolgt der Abbau der kohlig-bituminösen organischen Substanz des devonischen Tonschiefers. Dadurch hellt die dunkelgraue bis schwarze Gesteinsfärbung zu einer braunen, grauoliven bis weißen Färbung auf. In der Bleichzone des Oxidationshorizonts werden auch die Eisen- und Manganoxide ausgewaschen, die dadurch ihre helle Farbe erhält. In diesem Bereich findet ebenfalls die vollständige Kaolinisierung des Chlorits statt.

Während der langen Zeitdauer der intensiven Verwitterung und der allmählichen Ausbildung einer kretazisch-alttertiären Rumpffläche war die Erosion geringer als die Tiefenverlagerung der Verwitterungsbasis der MTV, sodass deren große Mächtigkeit entstehen konnte (Tiefenverwitterung). Durch die Ausbildung immer neuer, tiefer liegender Verebnungsflächen sind nur kretazisch-alttertiäre Verwitterungsreste auf der Hunsrück-Rumpffläche in 450–500 m ü. NN erhalten geblieben. Die ältere dieser Verebnungsflächen in ±600 m ü. NN, in der Eifel in die Oberkreide eingestuft, weist noch Plastosole (= Fersiallite) auf, hämatithaltige, tonreiche Böden, die unter subtropisch-tropischen Klimabedingungen mit langer Feuchtigkeitsperiode entstanden sind. Sie lassen sich kleinflächig im Soonwald über Taunusquarzit in Höhen von ca. 510–640 m ü. NN nachweisen. Sie sind durch Kieselsäureabfuhr, Sesquioxidanreicherung und Kaolinitneubildung entstanden. Teilweise treten auch eisenärmere Bodentypen auf. Rezente fersiallitische Böden besitzen unter der eigentlichen Bodenbildung einen Gesteinszersatz, der nur auf der tieferen, präoligozänen Hunsrück-Rumpffläche in großer Mächtigkeit erhalten ist. Bisher ist wie in der Eifel, wo sich noch in geringen Resten ein roter tertiärer Oberboden (Rotplastosol) erhalten hat, nur an wenigen Stellen eine autochthone Bildung eines fossilen Solums unter der Oligozän-Transgression bekannt geworden (Rot- und Braunplastosole). Jedoch ist dieses meist abgetragen worden, ebenfalls Teile des darunter folgenden Saprolits.

Plastosole als Zeugnis einer subtropisch-tropischen Bodenbildung

Eisenreiche Verwitterungsbildungen – Die Hunsrückerze

„Der Hunsrück ist reich an armen Erzen" (GREBE 1908). Diese „Hunsrückerze" genannten Lagerstätten treten vor allem im östlichen Hunsrück auf. Bei Wanderungen durch die Wälder des Hunsrücks fällt einem manchmal ein Gelände mit vielen großen Hügeln und Vertiefungen auf, die in einer Richtung verlaufen, ein Pingenzug, ein Abbau von Eisenerz in Form von Brauneisen aus früheren Jahrhunderten. Im 19. Jahrhundert standen 109 Gruben in Förderung, meist im Tagebau. Sie hatten große wirtschaftliche Bedeutung. Um 1850 überschwemmte billiges englisches Eisen den deutschen Markt. Dies in Verbindung mit der Erfindung des Koks hat den Erzabbau mit der Vielzahl der kleinen Förderstellen im Meter- bis Zehnermeterbereich unrentabel werden lassen. Zu dieser Zeit waren auch die Holzvorräte des Hunsrücks weitgehend erschöpft.

Brauneisen: ein Eisenhydroxid, durch die Verwitterung von eisenhaltigen Mineralien entstanden

Auftreten und Genese der Hunsrückerze

Der Lagerstättentyp der Hunsrückerze, Verwitterungsbildungen des Hunsrückschiefers, ist vor allem an Klüfte, Störungen und vorzugsweise an Quarzgänge im Tonschiefer gebunden und reicht nur bis zur Basis des Oxidationshorizonts des Saprolits. Letzteres widerspricht einer hydrothermalen Bildung bei der variszischen Orogenese. Die häufig eine Eisenvererzung aufweisenden, nahezu senkrecht einfallenden Quarzgänge verlaufen quer, diagonal, aber auch im Streichen des variszischen Faltenbaus. Ihre Mächtigkeit liegt meist zwischen 10 und 30 cm, kann aber auch 2 m erreichen, wobei der Eisengehalt 20 – 30 % beträgt. Daher sind sie nach unseren heutigen Maßstäben nicht wirtschaftlich.

Die Hunsrückerze (Brauneisen) sind bei der Verwitterung des Hunsrückschiefers im Oxidationshorizont des Saprolits gebildet worden. Das Eisen der Erze stammt aus der Zersetzung des eisenhaltigen Chlorits zu Kaolinit. Je intensiver dieser Zersatz erfolgt ist, desto mehr Eisenoxide konnten sich bilden. Die „Erzbänke“ werden daher mit der Tiefe geringmächtiger, gehen in Oxidanreicherungszonen über und keilen an der Basis des Oxidationshorizontes aus. Die alten Bergleute haben bei der Suche nach „Hunsrücker Eisenerzen“ nur in weichem, verwittertem Schiefer gesucht. Sie haben ihre Suche sofort eingestellt, sobald sie auf festes Gestein, also frischen Tonschiefer, gestoßen sind. Bereits SCHNEIDER (1892, in VIERSCHILLING 1910) hat die Erze als „Konzentration des durch die Verwitterung ... freigewordenen Eisengehaltes“ angesehen.

Nach FELIX-HENNINGSEN (1990) ist die Bildung der Hunsrückerze „an eine Phase sinkender Grundwasserstände gebunden“. In einem langen Zeitraum mit einem Wechsel von Regen- und Trockenzeiten führte die Fällung von gelöstem Eisen und Mangan in luftführenden Hohlräumen zur Oxidanreicherung. Das Eisen ist durch die Umwandlung des Tonschiefer-Chlorits,

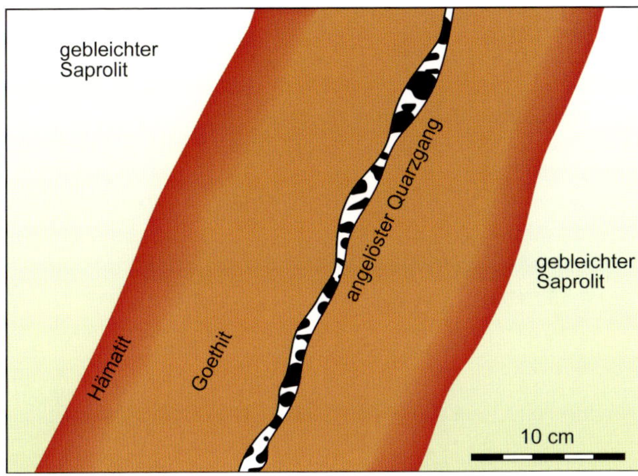

Querschnitt durch einen Hunsrückerzgang. Vereinfacht nach FELIX-HENNINGSEN (1990).

die Oxidation der organischen Substanz und des Pyrits des Tonschiefers freigesetzt und durch Diffusion im Meterbereich und oxidative Fällung konzentriert worden. Dabei entstand Goethit und in geringerem Ausmaß Hämatit. Mangan wurde vor allem mit den Goethiterzen ausgefällt (Lithiophorit, Cryptomelan). Schwefel- und Phosphorgehalte in den Erzen (aus organischer Substanz, Pyrit und Apatit des Nachbargesteins, vor allem Tonschiefer) zeigen deutlich die Lösungspfade auf.

Goethit: α-FeOOH

Einstiger Abbau der Hunsrückerze

Die verliehenen Bergwerke konzentrierten sich in diesem Abschnitt des Hunsrücks auf die Zone zwischen Simmertal/Pferdsfeld im S und Kirchberg im N, vor allem auf das Gebiet östlich des Simmerbachtales. Eine Bergwerkslinie erstreckte sich nördlich Kirchberg von Reckershausen im NE über Sohren, Horbruch, den N-Rand des Idarwaldes bis nördlich Hermeskeil bei Beuren. Am E-Rand des Idarwaldes um Rhaunen befanden sich noch einige wenige Eisenerzgruben.

Soonwalderze

Zum Vergleich sollen hier die „Soonwalderze“ angeführt werden, die im Hunsrück nur weiter östlich u. a. am N-Rand des Soonwaldes (z. B. Argenthal) auftreten. Bei diesen Lagerstätten handelt es sich um rote Tone mit Brauneisenkonkretionen als Verwitterungsbildungen. Diese schichtigen Vorkommen passen sich dem vom Tertiär-Meer geschaffenen Relief an. Zeitlich hier einzustufen sind wohl auch die mit Brauneisen verkitteten Brekzien am Nordabfall des Soonwaldes bei Gemünden. Nach STETS (1969) sind in den Soonwalderzen Bruchstücke von Hunsrückerzen gefunden worden, die demnach anzeigen, dass letztere früher gebildet worden sein müssen. Das Höchstalter dieser schichtigen Erzbildungen dürfte Oberoligozän sein.

Eisen aus dem Hunsrück, Vorläufer der Eisenproduktion im Saarland

Frühe Eisenerzgewinnung

Eisenbarren und -produkte aus der Latène-Zeit des Hunsrücks weisen auf Erzbergbau, Verhüttung und Eisenhandel in dieser Zeit hin. Jedoch ist kein Eisenvorkommen belegt, das zu dieser Zeit abgebaut wurde. Experimentelle Archäologie am Ringwall von Otzenhausen mit einem nachgebauten keltischen Rennofen ergab, dass damals dieses Verfahren bei geringer Ausbeute nur minderwertiges Eisen lieferte, welches aber mit einem Schmiedeverfahren bei hohen Temperaturen bis 1 000 °C zu stahlartigem Eisen verarbeitet wurde. Bei diesem Verfahren ist entscheidend, dass der Kohlenstoffgehalt im Eisen geringer als 1,5 % ist, da sonst das Eisen zum Schmieden zu spröde ist. Bei Gehalten zwischen 0,1 und 0,9 % Kohlenstoff kann man Eisen zu Stahl härten.

Die Blütezeit des Erzbergbaus

Während im östlichen Hunsrück Eisenerzbergbau bereits im 8. Jahrhundert belegt ist, erfolgt die erste Erwähnung im westlichen Teil erst 1439 mit den Eisenerzbergwerken bei Dill und Allenbach. Im Mittelalter seit dem 11. Jahrhundert zeigt sich durch die Namensgebung wie bei der Schmidtburg in der Nähe von Bundenbach, der Burg Bosselstein in Idar-Oberstein und dem Ort Eisen eine deutliche Beziehung zum Werkstoff Eisen (Schmidt = Schmied; Bosseln = Verkleinerungsform von ahd. (zer)schlagen, (zer)stoßen, auch „Feuer schlagen“, dazu u. a. „Amboss“). 1498/99 wird bereits eine Eisenschmelze im Bereich des Ortes Abentheuer erwähnt. Jedoch muss hier schon vorher ein Hüttenwerk gestanden haben (wohl jünger als 1437) sowie in der Nähe Erz in geringen Mengen abgebaut worden sein. Um 1520 wird die Abentheuer-Hütte erstmalig erwähnt, die ab diesem Zeitpunkt ausgebaut wird.

Bedeutsam war Remacle Joseph de Hauzeur für die Entwicklung der Eisenindustrie im Saar-Hunsrück-Raum. Aus der Wallonie (Belgien) stammend, erhielt er zwischen 1695 und 1708 die Hämmer in Züsch, Abentheuer, Weitersbach, Mariahütte und Damflos. Er besaß auch Anteile an den Schmelzen in Nohfelden, Berschweiler bei Birkenfeld und Allenbach. Dies war die Grundlage für den größten Eisenwerk-Industriekomplex im Hunsrück, den er von 1694 von Züsch, ab 1701 bis zu seinem Tod 1745 von Abentheuer aus erfolgreich führte.

1763 kaufte Johann Heinrich Stumm, dessen Großvater Hans Stumm (Schmied und Ahnherr der Orgelbauer Stumm) aus Sulzbach bei Rhaunen stammte, das Hüttenwerk in Abentheuer, nachdem die Familie schon ab 1715 Hammerwerke (Hammerbirkenfeld bei Kempfeld, Sensweiler, Stahlhammer, Asbacherhütte) besaß. Dies war die Grundlage der späteren Stumm'schen Werke. Stumm besaß ebenfalls mit seinen Erzkonzessionen im Amt Kirchberg eine wichtige Rohstoffversorgung. Von Bedeutung war auch die Ausdehnung der Stumm'schen Werke ab 1800 auf das Saarland (Neunkirchen, Geislautern) durch Friedrich Philipp Stumm, einem Sohn von Johann Heinrich Stumm. Ersterer blieb ohne männliche Erben und übertrug 1835 seine Hunsrücker Eisenwerke an seine drei Enkel der Familie Böcking. Zu den Stumm'schen Werken zählten 12 Hütten- und Hammerwerke. Dazu gehörten Allenbach, Sensweiler, Katzenloch, Hammerbirkenfeld, Asbach, Weitersbach und Gräfenbach.

Das Ende der Eisenindustrie im Hunsrück

Doch jetzt begann die Zeit, in der die Steinkohle (Koks) die Holzkohle allmählich ablöste. Daher legten die Gebrüder Böcking ihre Werke spätestens 1875 im Hunsrück still und gründeten 1867 im Saarland unter Einbeziehung eines Werkes eines anderen Zweiges der Familie Stumm eine neue Firma. Diese konnte sich auf viele ihrer bisherigen Facharbeiter stützen, die in das Saarland folgten. Die Standortfaktoren waren jetzt im Saarland durch die Nähe zur Steinkohle besser.

Eine Zeit voller Gegensätze – Das Tertiär

Das Tertiär ist die Zeit eines großen Umbruchs. Die Zeit der großen Dinosaurier ist vorbei. Es beginnt der Aufstieg der Primaten. In den Mittelpunkt des wissenschaftlichen Interesses rückte Ende 2009/Anfang 2010 der 47 Mio. Jahre alte Halbaffe „Ida" (ein Lemure), der in der Grube Messel gefunden und im Senckenberg-Museum in Frankfurt in einer Ausstellung gezeigt wurde. Diese „Dame" gehört stratigraphisch in das Mitteleozän (49 – 37 Mio. Jahre). Messel wie der Hunsrück lagen damals auf dem „Mitteleuropäischen Festland" auf ungefähr 38° nördlicher Breite, der heutigen Lage von Sizilien, in einem tropisch-subtropischen Klimabereich. Seitdem ist Mitteleuropa um 1 300 km nach N verschoben worden, was ca. 3 cm/Jahr entspricht. Ungefähr gleichzeitig, im späten Eozän (am Übergang zum Oligozän), beginnt die Antarktis-Vereisung.

Die Transgression des Meeres im Oligozän

Tethys: Ozean, der vor der Alpenbildung im Mesozoikum und Alttertiär Europa und Afrika trennte

Nach dem Einbruch des Oberrheingrabens im Eozän drang das Meer im Oligozän aus der Tethys von S in diese Senkungszone ein und erreichte auch den östlichen Hunsrück. Damals gab es keinen großen Reliefunterschied zwischen Hunsrück (außer den Taunusquarzit-Rücken) und Nahe-Raum, sodass es zu einer, wenn auch kurzen Überflutung des Hunsrücks in der heutigen Höhenlage von ca. 450 m ü. NN an der Grenze Mittel-/Oberoligozän durch alte Talsysteme von S („Pforten") kommen konnte. Die Eintrittspforten sind die zwischen den Taunusquarzit-Kämmen tief eingeschnittenen Täler. Von E sind dies: Guldenbach-, Gräfenbach-, Gaulsbach-, Kellenbach- und Hahnenbachtal. Bereits westlich Kirn bis Stipshausen am S-Rand des Idarwaldes werden Höhen >450 m erreicht. Diese Barriere war für das Tertiär-Meer zu hoch. Daher besteht im Tertiär der grundsätzliche Unterschied zwischen dem östlichen und westlichen Hunsrück darin, dass nur der östliche Teil eine marine Tertiär-Transgression erlebt hat. Bereits der Fischbach entwässert nicht mehr östlich des Idarwaldes. Er mündet westlich Kirn in die Nahe, ein Bereich mit nur fluviatilen Oligozän-Sedimenten (Hellberg und Nahbollenbach). Dadurch scheidet auch der Unterlauf des Hahnenbaches als Transgressionsbahn nach N aus. Deshalb sind neben dem Guldenbach drei Transgressionsbahnen nach N möglich:

Pforten als Transgressionsbahnen

- Gräfenbach-/Lametbachtal
- Kellenbachtal mit der Lützelsoon-Pforte (zwischen Lützelsoon und Koppenstein-Wildburg-Taunusquarzit-Rücken)
- Kellenbachtal mit Transgression über den Hennweiler Rücken zum Hahnenbachtal und westlich des Lützelsoons nach N

Das sedimentäre Tertiär (Oligozän) im Soonwald (Lametbach-/Gräfenbachtal) ist bisher nur durch ein Transgressionskonglomerat belegt. Weitere Tertiär-Sedimente dürften dort unter den mächtigen quartären Löß-/Schuttdecken liegen. Die Gipfelregionen des Soonwaldes ragten bis über 200 m aus dem Oligo-

Blick von Schloss Dhaun nach NW zum Lützelsoon über die nach SE abfallende Soonwald-Vorstufe.

zän-Meer als langgestreckte Inselberge heraus, wurden dabei aber selbst von tropisch-subtropischen Bodenbildungen erfasst, die heute als Plastosole bzw. Fersiallite vorliegen.

Südlich Hochstetten-Dhaun treten, wie aus sedimentologischen Kriterien hervorgeht, fluviatile Oligozän-Sedimente in einer Höhe von ca. 290 m bis nahezu 340 m ü. NN auf. In einer ähnlichen Höhe (ca. 305 m ü. NN) liegen südwestlich Nahbollenbach feingeschichtete, im cm-Bereich wechsellagernde sandige, schluffige und tonige Klastika vor. Verbindet man beide Vorkommen, so gelangt man zu einer relativ kurzen Ur-Nahe (ca. 35 Mio. Jahre alt), die ungefähr bei Monzingen (zwischen Hochstetten-Dhaun und Bad Sobernheim) in das bis dorthin von E her reichende Tertiär-Meer mündete, da südlich Bad Sobernheim bereits marine Oligozän-Sedimente in Höhen zwischen 220 und 250 m ü. NN belegt sind. Deren basale, fluviatile bis fluviomarine Ablagerungen (Milchquarzschotter), wohl ein Transgressionskonglomerat, setzen bei ca. 220 m ü. NN ein.

Im Hunsrück liegt dagegen die Basis des Tertiärs an mehreren Punkten bei ca. 400 – 450 m ü. NN. Hierher gehören die Transgressionskonglomerate am Lametbach und nördlich Kirchberg (Reckershauser Höhe). Daher ist seit dem Oligozän der Hunsrück um ca. 200 m relativ zum Nahe-Raum bei Bad Sobernheim/Monzingen gehoben worden (ca. 0,006 mm/a).

Reckershauser Höhe s. auch Seite 79

Fluviatile Oligozän-Sedimente S Hochstetten-Dhaun (Tone, Sande und Kiese). Im obersten Bereich des Aufschlusses erkennt man eine Flussverlagerung nach links (N).

Eine SW–NE-streichende Hebungsachse im zentralen Hunsrück kann dabei eine Kippung nach SE verursacht haben. Die Faunenfunde (marin-brackische Foraminiferen) südlich Gemünden unterhalb des Steilanstiegs des Taunusquarzits (Kklifflinie?) und bei Rödelhausen in ca. 450 m ü. NN (ca. 25 m mächtige tonreiche Quarzkiese bis in eine Höhe von 455 m ü. NN) stellen die Transgression an die Grenze Mittel-/Oberoligozän. Taunusquarzit-Gerölle an der Reckershauser Höhe belegen eine Strömungsrichtung nach N.

Foraminiferen: schalentragende marine Einzeller

Die einzige Pforte zur Mosel im N kann der 3,5 km breite Korridor zwischen Belg, Rödelhausen und Kappel mit Höhen ‹450 m ü. NN gewesen sein. Hier konnte das Oligozän-Meer über die damalige Hunsrück-Schwelle, die heutige Hunsrückhochfläche, in das Moselgebiet und die Eifel (Fossilien in den Eifel-Maaren) hineinschwappen. Östlich davon bis über Kastellaun hinaus war dieser heute bis über 500 m ü. NN erreichende Höhenzug für das Meer ein zu großes Hindernis. Ebenfalls begrenzte eine morphologische Schranke vom NE-Rand des Idarwaldes bei Hochscheid und von hier aus der Bereich um die Hunsrückhöhenstraße über den Flughafen Hahn bis Würrich mit Höhen bis ca. 506 m ü. NN die wohl westlichsten Reste von Oligozän-Sedimenten bei Gösenroth/Laufersweiler in 430–450 m ü. NN, die vor der späteren Zertalung im Mio-/Pliozän abgelagert wurden. Nach der kurzzeitigen Meerestransgression beginnt die Zertalung des Hunsrücks in Abhängigkeit von der Tieferlegung des Rheins als Vorfluter.

Maar: durch vulkanische Gasexplosionen verursachte rundliche Eintiefungen über dem Schlot

Der „Findling", ein oligozäner Süßwasserquarzit-Block zwischen den beiden Bäumen SE Hochstetten-Dhaun (Ortsteil Hochstädten).

Jedoch gibt es Süßwasserquarzite (wohl tiefes Oberoligozän), wie bei Hochstetten-Dhaun den „Findling" in ca. 316 m ü. NN (weitere dort am Waldrand), der Analoga im Hunsrück u. a. bei Wüschheim (445 m ü. NN) besitzt. Dieses Gestein mit seiner intensiven Einkieselung dürfte sich demnach auch im Übergangsbereich Küste/Flussdelta befunden haben. Dies deutet wohl darauf hin, dass zu dieser Zeit die Grenze zwischen Land und Meer gependelt hat.

Postoligozäne Zertalung und Terrassenbildung

Die spätere Zertalung zeigt sich durch die Terrassensedimente an den Talschultern der heutigen Bäche. So besitzt das Transgressionskonglomerat am Lametbach zwischen den Taunusquarzit-Rücken der Wildburg und der Alteburg/Schwarzerdener Höhe eine Höhe von ca. 450 m ü. NN. Da die Sand-Kies-Vorkommen (u. a. „Weißbecker") oberhalb Kellenbach im SW dieses Konglomerats dieselbe Position zwischen den Quarzitrücken besitzen, also keine unterschiedliche Bewegung erfahren haben dürften, aber 110 – 120 m tiefer liegen, dürfte es sich bei diesen um stratigraphisch jüngere Terrassenablagerungen, wohl Mio-/Pliozän, handeln. Postoligozän hat sich also das Flusssystem der Nahe allmählich ausgebildet. Vorausgegangen war die oligozäne Transgression von der Kreuznacher Bucht, die als primärer Vorfluter und breiter Trog gewirkt hat, durch den die spätere Entwässerung als tiefstem Punkt gehen musste.

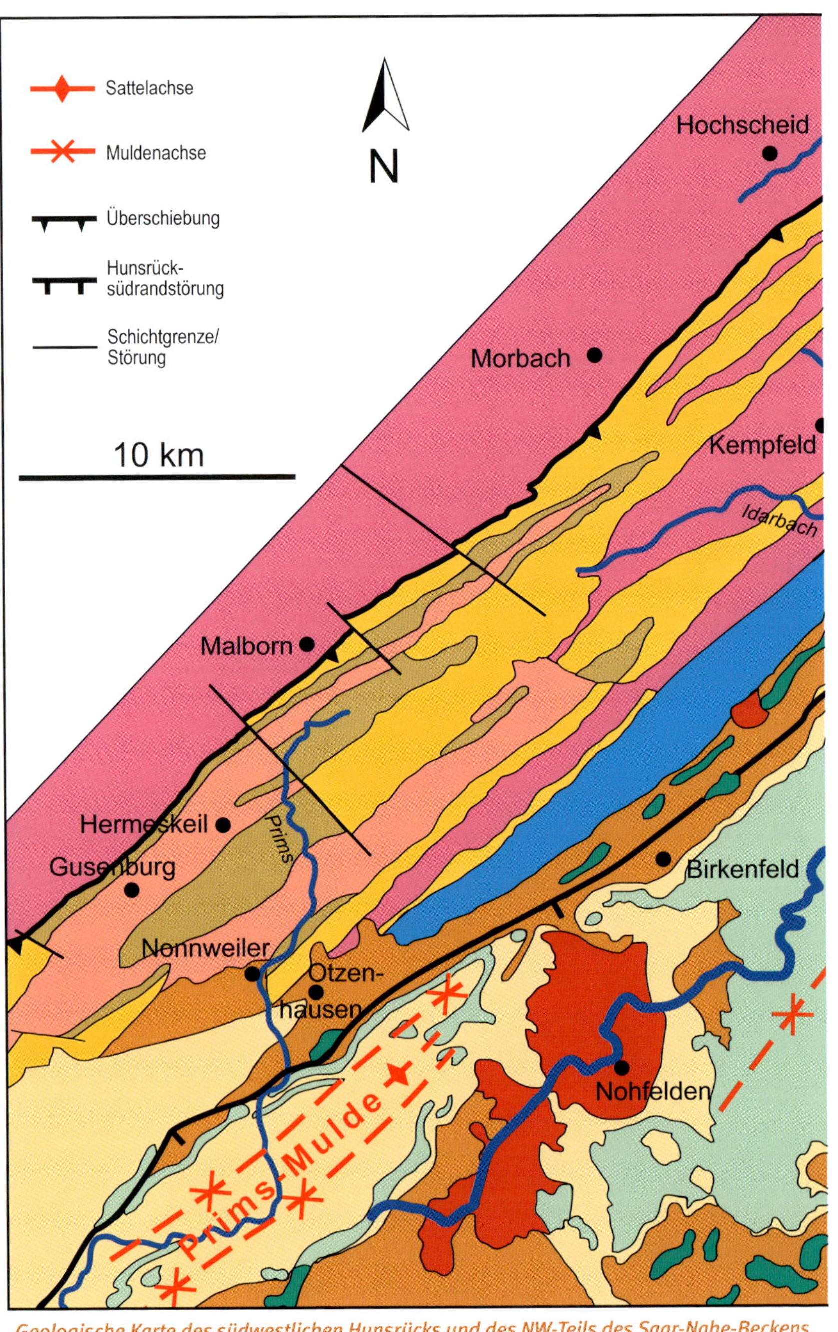

Geologische Karte des südwestlichen Hunsrücks und des NW-Teils des Saar-Nahe-Beckens. Verändert nach BGR 1979, 1986, 1987, 2001 und Dreyer et al. 1983.

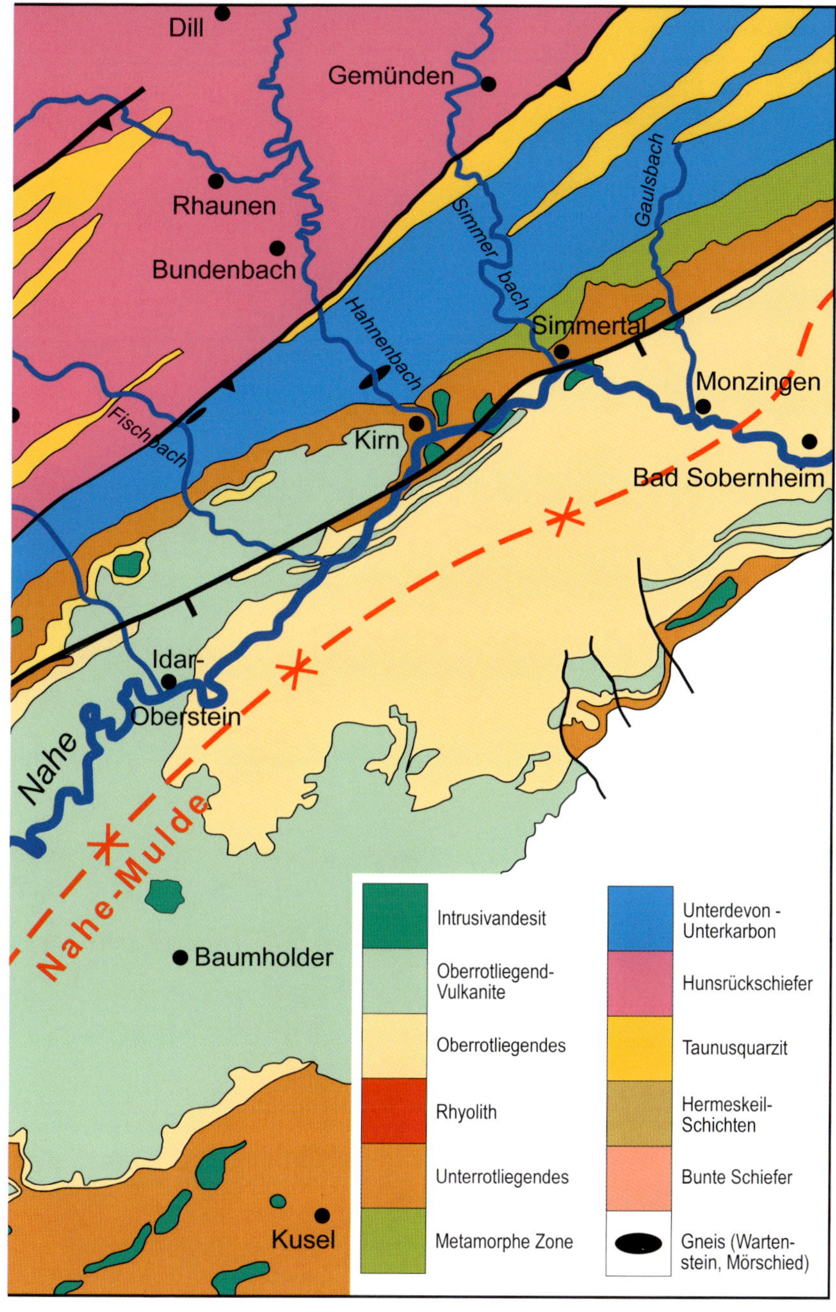

Dill
Gemünden
Rhaunen
Bundenbach
Simmerbach
Gaulsbach
Hahnenbach
Simmertal
Monzingen
Fischbach
Kirn
Bad Sobernheim
Idar-
Oberstein
Nahe
Nahe-Mulde
Baumholder
Kusel
Intrusivandesit
Oberrotliegend-
Vulkanite
Oberrotliegendes
Rhyolith
Unterrotliegendes
Metamorphe Zone
Unterdevon -
Unterkarbon
Hunsrückschiefer
Taunusquarzit
Hermeskeil-
Schichten
Bunte Schiefer
Gneis (Wartenstein, Mörschied)

Weitere Anlaufstellen
69 Geol. Lehrpfad Hochstetten-Dhaun
70 Geol. Hunsrück-Lehrpfad Gemünden
71 Wassererlebnispfad Hahnenbachtal
72 Hunsrückhaus, Themenwege
73 Historisches Kupferbergwerk Fischbach u. Bergbau-Rundweg
74 Besucherbergwerk Herrenberg
75 Edelsteinmine Steinkaulenberg u. Geologischer Lehrpfad
76 Edelsteingarten Kempfeld
77 Geopark Krahloch
78 Historische Wasserschleiferei Biehl in Asbacherhütte
79 Geracher Wasserschleife, Niederwörresbach
80 Deutsches Edelsteinmuseum, Idar-Oberstein
81 Edelstein-Erlebniswelt, Idar-Oberstein
82 Museum Idar-Oberstein, Idar-Oberstein
83 Industriedenkmal Jakob Bengel, Idar-Oberstein
84 Historische Weiherschleife, Idar-Oberstein
85 Erlebniswelt „Wald und Natur" Schloss Wartenstein, Kirn
86 Fossilien-Museum Bundenbach
87 Heimatkundliches Museum Herrstein
88 Hochwaldmuseum Hermeskeil
89 Museum des Vereins für Heimatkunde im Landkreis Birkenfeld
90 Naturkundliches Museum Simmertal
91 Rheinland-Pfälzisches Freilichtmuseum Bad Sobernheim
92 Archäologiepark Belginum in Morbach-Wederath
Wittlich
Zell
Mosel
Bernkastel-Kues
Haardtkopf 658 m
Morbach
Usarkopf 724 m
Erbeskopf 816 m
Ringkopf 650 m
Idarwald
Hunsrück
Schweich
Trier
Osburger Hochwald
Schwarzwälder Hochwald
Hermeskeil
Nonnweiler
Birkenfeld
Nohfelden
Nahe
Losheim
Tholey
St. Wendel
Schmelz
Lebach
Eppelborn
Illingen
Ottweiler
Nordpfälzer
Dillingen

Geologische Aufschlüsse
1 Niederwörresbach: Aufschl. Diskordanz
2 Nördl. Langenthal: Aufschl. Diskordanz
3 Aufschluss in Monzingen
4 N Monzingen: Aufschluss u. ehem. Stbr.
5 Stbr. Langenthal
6 Seesbach: Felsformation
7 Martinsteiner Klotz
8 Parkpl. an der B 421: Diskordanz
9 Aufschlüsse zw. Simmerbach u. der K 9
10 Aufschluss an der K 9
11 Alter Stbr. an der B 41
12 Aufschluss am Parkpl. Schloss Dhaun
13 Aufschluss an der B 41
14 Weißbecker, ehem. Sandgrube
15 Ehem. Stbr. am Simmerbach
16 Str.-Aufschl. u. ehem. Stbr. an der B 421
17 Kaisergrube Gemünden
18 Ruine Koppenstein und „Wackelstein“
19 Stbr. Henau
20 „Findling“ bei Hochstädten
21 Sandgrube im Struther Wald
22–24 Kirn: Kyrburg, Trübenbachtal, Aufschluss
25, 26 Kirn: Kallenfelsquarzit, Kirner Dolomiten
27 Schloss Wartenstein, Gneis
28 Aufschluss in Hahnenbach
29 Sonnschied, Aussichtspunkt
30 Teufelsfels
31 Aufschlüsse an der K 5
32 Rudolfshaus: Halde d. Grube Altlayenkaul
33 Ruine Hellkirch
34 Dill, Burgberg: Aufschluss Diskordanz
35 Reckershauser Höhe
36 Rödelhausen: tertiäre Sedimente
37 Aufschluss an der L 190
38 Bremerberg: Schlackenwall u. Altbergbau
39 Aufschluss in Fischbach
40, 41 Stbr. Juchem u. ehem. Stbr. Bernhard
42 Wildenburg
43 Rosselhalde
44 Erbeskopf mit Aussichtsturm
45 Ortelsbruch
46 Steinbruch Meter
47 Ruine Baldenau
48 Petersquelle
49 Sauerbrunnen in Schwollen
50 Aufschlüsse in Haumbach
51 Burg Nohfelden
52 Nahequelle
53 Grube Kapp
54 Aufschlüsse an der L 330
55 Grube Korb
56 Kloppbruchswiese
57, 58 Primstalsperre: Aufschlüsse u. ehem. Stbr.
59 Aufschluss an der L 165
60 Züscher Hammer u. Aufschlüsse
61, 62 Aufschlüsse im Lösterbachtal
63 Aufschlüsse SE Gusenburg
64 Aufschluss bei Vollmersbach
65 Gefallene Felsen
66 Aufschluss am N-Eingang Bollenbachtal
67, 68 Ehem. Grube Eschenbach u. Schmidtburg
Simmern
Kirchberg
Gemünden
Simmerbach
Alteburg 621 m
Lützelsoon
Hahnenbach
Gaulsbach
Monzingen
Kirn
Nahe
Bad Sobernheim
Fischbach
Kirchenbollenbach
Meisenheim
Lauterecken
Baumholder
Kusel
Bergland
Miesenbach
Ramstein-
Landstuhl
Kaiserslautern
Bacharach
N
0
5 km

Streifzüge durch den südwestlichen Hunsrück

Entlang des Gaulsbachtales zur Alteburg

Monzingen, ein historischer Ort, erstmals 778 n. Chr. erwähnt, mit sehenswerten Fachwerkhäusern (u. a. Alt'sches Haus von 1589), liegt am Eingang des Gaulsbachtales zwischen Weinbergen am S-Hang des breiten Nahetales. Die Rotfärbung der Hänge weist bereits auf Oberrotliegendes hin, das in mehreren Aufschlüssen zutage tritt. Der am einfachsten zu besichtigende Aufschluss in der Kirbachstraße beim Feuerwehrhaus gibt einen Einblick in das Sedimentationsgeschehen des Oberrotliegenden mit seinen Schuttsedimenten (Wadern-Fazies). Die Schichtfluten haben hauptsächlich Gerölle aus der Metamorphen Südrandzone (Metadiabas), Gangquarz, Taunusquarzit, selten Rhyolith, aber auch Tonstein-Gerölle angeliefert. Das schiefrige Material ist meist dünnplattig, häufig gerundet und zeigt durch Dachziegellagerung eine Schüttungsrichtung vom Hunsrück her an. Kleinere Diskordanzen zeigen Erosionsformen. Grobe Geröllpackungen können seitlich in feinkörnigere Bereiche übergehen. Einige Gerölle weisen Eisenoxid-Überzüge auf, jedoch keinen Wüstenlack-Film. Das Einfallen der Sedimente beträgt ca. 15° SE in Richtung zur im S liegenden Achse der Nahe-Mulde. In einem Aufschluss nahe der B 41 ist ein >40 cm großer, eckiger bis kantengerundeter Taunusquarzit-Block eingeschaltet. Von der höchsten Stelle Monzingens („Auf Ebenhöh"), auf der Tertiär-Verebnung, hat man einen herrlichen Blick über das Nahetal mit der Engstelle bei Martinstein sowie zum Soonwald-Kamm mit seinem Taunusquarzit als Querriegel.

Auf dem Weg nach Gemünden trifft man ca. 2 km nördlich von Monzingen in einer scharfen Kurve auf einen Andesit. Dieses harte Gestein mit NE–SW-Streichrichtung hat eine Verlagerung des Verlaufs des Gaulsbaches nach SW bewirkt. Nachdem der Gaulsbach diese „Sperre" durchlaufen hat, schwenkt er wieder in seine Fließrichtung nahezu in der Fallrichtung der Oberrotliegend-Gesteine ein. Der massige, dichte bis körnige Andesit mit einer Mächtigkeit von >10 m ist teilweise stark chloritisiert und fällt steil nach SSE ein. An zwei Klüften im zentralen Bereich des Aufschlusses ist neben der Chloritisierung auch eine Zerrüttung des Gesteins zu erkennen. In den porösen Partien, die durch die starke Entgasung des ca. 1 200 °C heißen Magmas beim Ausfließen entstanden, lassen sich Mandelbildungen von mm-Größe bis zu einem Durchmesser von ca. 6 cm mit Chlorit, Achat und Quarz beobachten. Als erste Ausfällung ist Chlorit (Delessit) an einigen Stellen deutlich zu erkennen. Eine Fluidalstruktur ist makroskopisch nicht feststellbar. Mineralbestand nach BANK (1953): Plagioklas (Andesin – Labrador), Augit, Chlorit und Erz in einer dichten Grundmasse.

Sedimente der Lebach-Schichten in Langenthal.

Grundmasse: Zwickelfüllung zwischen größeren Mineralkörnern

Von dieser Kurve kann man auf eine scheinbar senkrecht einfallende Wand blicken. Dieser Aufschluss, ein ehemaliger Steinbruch in einem großen Andesit-Intrusivkörper, ist vollständig eingezäunt. Diese Intrusion lässt sich auch auf die östliche Seite des Gaulsbachtales verfolgen. Das dichte bis feinkörnige, holokristalline Gestein ist in die heute steil stehende Unterrotliegend-Schichtfolge (Lebach-Subgruppe) eingedrungen und lässt eine Kontaktzone an Hangend- und Liegendgrenze erkennen. Die von der Straße aus erkennbare Liegendgrenze zu grauen bis beigefarbenen Sand- und Siltsteinen fällt mit 60 – 70° SSE ein bei einem Streichen von ca. 62°. Das steile Einfallen ist durch die hier direkt nördlich vorbeilaufende Hunsrücksüdrandstörung bedingt.

holokristallin: vollständige Kristallisation

Der **Steinbruch Langenthal** weist einen Latiandesit (Typ Langenthal nach SCHMITT-RIEGRAF 1996a) auf, der in mehrere Lavaströme gegliedert werden kann und Mandelsteinzonen führt. Die fluidal eingeregelte Grundmasse mit Plagioklas und Klinopyroxen weist Einsprenglinge von Plagioklas, Pigeonit und Olivin auf. Die Bildung von Viridit (Viriditisierung) zeigt sich durch grünliche Farbtöne des Gesteins. Die hier auftretenden Calcite sind aus zwei unterschiedlichen Lösungen ausgefällt worden. Die ältere Lösung mit 230 – 120 °C ist als hydrothermale Phase in Zusammenhang mit dem Vulkanismus zu sehen, während die jüngere mit 55 – 20 °C nur als meteorische Lösung einwirkte (SCHMITT-RIEGRAF 1996a).

meteorische Lösung: Niederschlagswasser, kann als erwärmtes Grundwasser Änderungen des Mineralbestandes bewirken

Tropische Bodenbildung des U-Rotliegenden im Aufschluss am Gaulsbach 500 m N Langenthal, die diskordant über Quarz-Serizitphylliten der Metamorphen Hunsrücksüdrandzone liegt.

500 m nördlich Langenthal am Gaulsbach existiert ein Aufschluss, der wesentlich für das Verständnis der Zeitlichkeit der variszischen Gebirgsbildung ist: die Diskordanz Unterrotliegendes/Metamorphe Südrandzone des Hunsrücks. Hier lässt sich die Überlagerung einer metamorphen und gefalteten Einheit, in diesem Fall Serizitphyllite, durch eine ca. 2,5 m mächtige tropische Bodenbildung, einer Rotfolge (Siltstein mit einer basalen, kleinstückigen Phyllitbrekzie) mit zwei Violetthorizonten, die denen im Buntsandstein gleichen, und hangende Fanglomerate beobachten. Dieser komplexe Paläoboden wird als Kalkkrustenboden (Caliche) eines semiariden Klimas gedeutet (mit Karbonatknöllchen-Lagen).

Die silbriggrauen bis dunkelgrauen Quarz-Serizitphyllite der Metamorphen Hunsrücksüdrandzone weisen eine Schieferung mit NE–SW-Streichen bei steilem NW-Fallen (ca. 50°/80°) auf. Eine Schichtung ist makroskopisch nicht zu erkennen. Die grauen bis gelblichen Fanglomerate der Oberen Kusel-Schichten besitzen eine Mindestmächtigkeit von 4 m und weisen vor allem eckige bis gerundete Taunusquarzit- und Gangquarz-Gerölle neben Tonschiefer- und ? Metadiabas-Komponenten auf. Der Durchmesser der Taunusquarzit-Gerölle erreicht 50 cm. Neben in der Schichtung liegende Komponenten finden sich häufig auch senkrecht zur Schichtung liegende Gerölle. Daraus erkennt man, dass kein rein fluviatiler Transport, sondern ein Transport in einem Massestrom vorliegt. Diese im damaligen Variszischen Gebirge aufbereiteten und dort teilweise schon umgelagerten Sedimente sind bei Starkregen als Mure in das Becken transportiert worden.

Quarz-Serizitphyllit der Metamorphen Zone im Aufschluss am Gaulsbach.

Wandert man von hier weiter nach **Seesbach**, so lässt sich dort ein mächtiger Quarzitfels inmitten der Ortschaft aufspüren, erstaunlich in einer Verebnungsfläche, in der weit und breit kein Aufschluss zu sehen ist. Dieser Quarzit stellt die Fortsetzung des Kallenfelsquarzits von Kirn dar. Er bildet annähernd die N-Grenze der Metamorphen Zone. Weiter im NE kommt er in Winterbach wieder an das Tageslicht. Gelangt man von Simmertal nach Seesbach, so begleiten die Metadiabase anfangs den Weg.

Von Seesbach lässt sich der Streifzug über Waldfriede und die Trifthütte (Restaurant) zur Alteburg (620,7 m ü. NN) fortsetzen. Vom hohen Aussichtsturm bietet sich ein herrlicher Rundblick. Südlich der Alteburg, bei der auch einige Taunusquarzit-Klippen aufgeschlossen sind, hat der Bims-Ausbruch des Laacher Sees vor ca. 11 000 Jahren heute zur Bildung eines nahezu 1 m mächtigen Bimsmischbodens geführt, der eine nährstoffreiche Braunerde darstellt.

Bims: schaumiges vulkanisches Gesteinsglas

Entlang des Simmerbachtales von Simmertal bis Gemünden

Von Monzingen gelangt man naheaufwärts über Martinstein nach **Simmertal**. Nicht zu übersehen ist gegenüber dem Martinsteiner Bahnhof ein massiver Gesteinskörper, der „Martinsteiner Klotz“, ein intrusiver Andesit. Er ist als Lagergang in das Rotliegende eingedrungen. Er weist als Einsprenglinge neben Plagioklas Orthopyroxen (Bronzit) und Klinopyroxen (Augit) auf.

Lagergang: parallel zu Sedimenten eingedrungene Magmatite

Biegt man von der Bundesstraße Bad Kreuznach – Idar-Oberstein (B 41) bei Simmertal in das Simmerbachtal, das auch Kellenbachtal heißt, ab, so findet man auf der linken Straßenseite das Hinweisschild Simmerhammer, ein Ortsteil von Simmertal. Der Simmerhammer, erstmalig 1550 erwähnt, war ursprünglich eine Schmiede der Wildgrafen von Dhaun. Er ist 1590 dem Schmied Ludwig Bicking (Böcking) „im Erbbestand“ verliehen worden. 1822 wehrten sich die Eisenhütten des östlichen Hunsrücks gegen ein zweites Frischfeuer bei diesem Hammerwerk, da angeblich die Holzvorräte des Hunsrücks dafür nicht ausreichten. Heute ist dort noch eine kleine Gießerei tätig, die Aufträge für die Gusswerkstoffe Stahlguss, Grauguss, Bronze, Messing und Aluminium übernimmt. Wer eine Kopie eines historischen Gusses oder Kaminplatten hergestellt haben möchte, kann sich direkt an den Hersteller wenden. Eine

Kontakt zur Elbertzhagen-Gießerei und zum Freilichtmuseum Bad Sobernheim s. Kap. „Nützliches und Informatives“

Intrusivandesit „Martinsteiner Klotz" in Martinstein/Nahe.

Sammlung mit historischem Guss des Simmerhammers befindet sich außerhalb des hier besprochenen Gebietes im Freilichtmuseum Bad Sobernheim.

Im Naturkundlichen Museum Simmertal im „Alten Rathaus" (erbaut 1499) sind vor allem Fossilien des Hunsrück-Nahe-Raumes geologisch interessant.

Kontakt zum Museum Simmertal s. Kap. „Nützliches und Informatives"

Aufschlüsse an der Grenze Rotliegendes der Nahe-Mulde/Metamorphe Südrandzone des Hunsrücks findet man am N-Ausgang von Simmertal. Dazu geht man vom Parkplatz an der B 421 über den Simmerbach Richtung W bis zur Fa. Jäger. Dort teilt sich der Weg. Ein Pfad führt zur Ruine Brunkenstein, der breite Weg nahe der Talaue weist nach Hochstetten-Dhaun. Am steilen Pfad stehen Gesteine der Metamorphen Zone mit ihrem nahezu saigeren metamorphen Lagenbau an, während am unteren Weg im Hang an mindestens zwei Stellen (Vertikaldistanz ca. 10 m) konglomeratische Sandsteine mit nahezu horizontaler Lagerung zu beobachten sind. Die horizontale Distanz zwischen Metamorpher Zone und dem Unterrotliegenden beträgt ca. 10 – 20 m. Geht man bis zum Rote-Berg hoch, so schließt dort ein Hohlweg einen Aufschluss in leicht nach S einfallenden Rotliegend-Konglomeraten auf. Der Gipfel des Rote-Berges zeigt Metadiabas-Aufschlüsse. Eine unscheinbare Diskordanz Rotliegendes/Metamorphe Zone kann erst weiter oben am Weg zur Burgruine Brunkenstein beobachtet werden.

Vom Simmerbach in ca. 180 m ü. NN stehen in mehreren Aufschlüssen bis zur Kreisstraße K 9 von Hochstetten-Dhaun nach Schloss Dhaun in ca. 350 m ü. NN Rotliegend-Sedimente nahe der Grenze zur Metamorphen Südrandzone des Hunsrücks an. Diese Grenze könnte eine Störung, eine Flexur oder eine diskordante Auflagerung des Rotliegenden auf den metamorphen Serien darstellen. Dieses Schichtpaket mit etwas weniger als 170 m Mächtigkeit kann durch seine generell geringe Schichtneigung von 5 – 15° S nicht flexurartig in den teilweise 10 – 30 m breiten, aufschlusslosen Bereich zwischen den beiden Einheiten verbogen sein. Wie beim kleinen Aufschluss oberhalb des Rote-Berges dürfte auch am Rücken bei der Geierslei oberhalb der Kreisstraße – dort zwar ohne direkte Aufschlüsse – aufgrund des weiten Übergreifens des Rotliegenden nach N eine Winkeldiskordanz vorliegen. Dies zeigt an, dass das Variszische Gebirge im Perm allmählich in seinem eigenen Schutt „ertrinkt", wie auch an den beiden folgenden Aufschlüssen zu erkennen ist.

Konglomeratischer Karbonatsandstein an der K 9 zwischen Hochstetten-Dhaun und Schloss Dhaun.

Der Aufschluss an der Kreisstraße K 9 bei km 2,2 (ca. 350 m ü. NN) von **Hochstetten-Dhaun** nach Schloss Dhaun weist eine mit ca. 15° nach SE einfallende Konglomeratbank des Unterrotliegenden (Lebach-Schichten der Glan-Subgruppe) auf. Diese weist mit bis zu 20 cm großen Geröllen (vorwiegend Quarzit, Gangquarz) und karbonatischer Bindung interne Schrägschichtung mit Sandstein- und Konglomerat-Partien auf. Dies belegt eine fluviatile Genese. Wandert man an der Straße mit einer nahezu rechtwinkligen Kurve über das Tälchen nach NE, so kann man dort nur silbrigfarbene, bräunliche und rötliche Serizitphyllite im Hang auflesen, Gesteine der Metamorphen Südrandzone des Hunsrücks. Das Rotliegende (vor allem die nicht aufgeschlossenen liegenden Einheiten) mit seinem flachen Einfallen stößt hier direkt an die Hunsrück-Gesteine. Die Konglomeratbank an der Straße könnte bereits eine Winkeldiskordanz bilden, was für die hangenden Rotliegend-Sedimente deutlicher wird.

Der **Geologische Lehrpfad in Hochstetten-Dhaun**, der mit den oben erwähnten Aufschlüssen erwandert werden kann, führt an mehreren alten Sandstein-Brüchen vorbei, die deren frühere Bedeutung erahnen lassen. Neben in die Geologie einführenden Tafeln (Einteilung und Vorstellung der Gesteine) ist besonders der frühere Gemeindesteinbruch geo-

Info zum Geol. Lehrpfad s. Kap. „Nützliches und Informatives"

Alter Sandsteinbruch mit hervorgehobener interner Winkeldiskordanz in Lebach-Schichten am Geologischen Lehrpfad Hochstetten-Dhaun.

logisch wichtig. Dieser Aufschluss in Lebach-Schichten weist eine interne Winkeldiskordanz von 2 – 5° auf. Die ältere Einheit (Sand-, Silt-, Tonsteine) wurde demnach leicht gekippt, deutlich erkennbar an einer Sandsteinbank, erodiert, und mit der jüngeren Serie, Sandsteinen einer Überschüttungsebene (mit Schrägschichtung und Wellenrippeln im Querschnitt) zugedeckt. Diese leichte Schrägstellung des Liegenden kann wohl nur durch synsedimentäre Hebung des variszischen Hunsrücks bzw. Absenkung an der Hunsrücksüdrandstörung erfolgt sein (Schollenkippung nach WILDBERGER 1989).

synsedimentär: während der Sedimentation entstanden oder stattfindend

Für Hochstetten-Dhaun waren die Steinbrüche von jeher ein bedeutender Wirtschaftsfaktor. Im 19. Jahrhundert wurden in den Sandstein-Brüchen Steine für den Hausbau, in den Andesit-Steinbrüchen in Handarbeit Pflastersteine hergestellt. Seit 1983 hat die Basalt AG Linz (heute: Nahe-Hunsrück-Baustoffe (NHB), Kirn/Nahe) den großen Andesit-Steinbruch zwischen Hochstetten-Dhaun und Kirn übernommen.

Zu den damals nicht sehr großen Sandstein-Brüchen gehört auch der Aufschluss an der B 41 zwischen Hochstetten-Dhaun und Simmertal in Sandsteinen der Tholey-Schichten, die einen Teil eines großen Querprofils bilden. Mit ihren 1 – 3 m mächtigen Bänken, die mit ca. 60° nach E einfallen, stellen sie ein charakteristisches Schichtglied des Unterrotliegenden dar. Nach E folgt auf diese Grobklastika eine Wechsellagerung von Ton- und Sandsteinen, die von einer Rotserie (Ton-, Silt-, Sandsteine) des Oberrotliegenden (Nahe-Gruppe) im Hangenden abgelöst wird. Die Gesteinsfolge bildet eine (geologisch-tektonische)

Schloss Dhaun, ein keltisches „dunum" (= Festung), heute Sitz einer Heimvolkshochschule (auch mit geologischen Seminaren), thront über dem Simmerbachtal gegenüber Simmertal und bewacht dessen engen Eingang nach N. Bereits im 12. Jahrhundert war es Sitz der Wildgrafen, die eine Burg auf den Metadiabasen der Metamorphen Zone erbauten. Eine kleinräumige Faltung ist an den Felsen am Parkplatz unterhalb der Burgmauern deutlich erkennbar. Sie repräsentiert eine von vier in der Metamorphen Südrandzone nachgewiesenen Faltungsphasen (SCHAFFT 1985). Auf dem Parkplatz unterhalb der Burg besteht eine gute Beschilderung mit Beschreibung und Darstellung von Wanderrouten.

Mulde. Die ersten Rotsedimente finden sich ca. 100 m westlich der Brücke über den Simmerbach. Westlich des ehemaligen Sandstein-Bruchs zeigt dessen liegende Folge mit grauen Tonsteinen, braunen Sandsteinen und konglomeratischen Sandsteinen gleiches Einfallen bis zu einem Sattel in Lebach-Schichten vor den ersten Häusern von Hochstetten-Dhaun. Dieses Querprofil mit einer Faltungszone und Klastika von der Grenze Ober-/Unterrotliegendes gehört in den Randbereich der Hunsrücksüdrandstörung innerhalb der Nahe-Mulde.

Siehe hierzu auch Abb. Querprofil auf Seite 24

St. Johannisberg wurde 1283 erstmals urkundlich genannt. Vom Restaurant-Parkplatz im Ort erhält man einen sehr guten Überblick über den Hellberg mit seinem Felsenmeer. Unterhalb der Stiftskirche blickt man nach E auf die tertiäre Verebnungsfläche bei Martinstein/Hochstetten-Dhaun. In der Kirche befinden sich kunsthistorisch wertvolle Grabdenkmäler.

Die kräftig grünen, vor allem massigen, untergeordnet auch dünnschiefrigen Metadiabase an der B 41 nördlich Simmertal (zwischen dem Schild „Kellenbachtal" und der Brücke über den Simmerbach) gegenüber des oben erwähnten Parkplatzes

Metadiabas an der B 41 N Simmertal.

Schleppfalten im Metadiabas an der B 41 N Simmertal.

scheinen durch ihre Spezialfalten im dm-Bereich (Schleppfalten) eine Mulde zu bilden. Die Metadiabase zeigen als metamorphe Neubildungen die fazieskritischen Minerale Pumpellyit, Aktinolith und Stilpnomelan neben Albit, Chlorit und Quarz. Diese Neubildungen haben sich auf Kosten von basischen Plagioklasen (hoher Anorthitgehalt) und Augit gebildet. Die metamorphe Überprägung der ursprünglichen Diabase während der variszischen Faltung führte zur Bildung der Metadiabase in der Pumpellyit-Prehnit-Quarz-Fazies bei ca. 250 – 400 °C und 2 – 3 kbar (MEISL 1970, SCHAFFT 1985).

Schleppfalten: asymmetrische Falten, unterschiedliche Länge der Faltenschenkel

Begibt man sich am Simmerbach weiter nach N, so öffnet sich nach **Heinzenberg**, dem Geburtsort des Minnesängers Wilhelm von Heinzenberg, das Tal, das durch den Klausfels wieder stark eingeengt wird und hier in früheren Zeiten für den Fuhrverkehr unpassierbar war. Die als Härtlinge herauspräparierten, saiger einfallenden, massigen Diabase treten in zwei Zügen auf. Nach Conodontenfunden in den begleitenden Sedimenten sind sie in das Givet einzustufen.

Nach der Talenge am Klausfels weitet sich das Tal im Hunsrückschiefer stark aus. Erklimmt man bei Kellenbach (von diesem Ort leitet sich auch der zweite Name des Simmerbaches, Kellenbach, ab) die Höhe, so trifft man dort bei dem Flurnamen „Weißbecker" (337,9 m ü. NN) auf die Reste einer alten Sandgrube. Auf einer Terrassenhöhe von ca. 330 m ü. NN treten hier Sande und Kiese mit vorwiegend Quarz-Komponente im Geröllspektrum auf. 95 – 98 % Gangquarz und 2 – 5 % Taunusquarzit bilden das Spektrum, das darauf hindeutet, dass Gangquarz bei lang anhaltender Verwitterung bevorzugt erhalten wird. Die Hauptmasse der Gerölle ist schlecht gerundet. Die fluviatilen Sedimente weisen jedoch auch gut gerundete Gangquarze (bis 25 cm Durchmesser) sowie kantengerundete bis eckige Taunusquarzit-Gerölle (bis 30 cm Durchmesser) auf.

Letztere können nur vom nahen Lützelsoon oder Koppenstein-Sattel im N abgeleitet werden. Ihr fluviatiler Charakter deutet auf ein postoligozänes, wohl mio-/pliozänes Alter. Das marine Transgressionskonglomerat im Soonwald annähernd in NE-Richtung liegt sehr viel höher bei 450 m ü. NN. Daher muss ein zeitlicher Hiatus zwischen beiden Vorkommen bestehen. Der Ur-Simmerbach floss damals durch die Lützelsoon-Soonwald-Pforte in einer Höhe von ca. 340–360 m ü. NN über den Bereich der alten Sandgrube nach S. Nach dem Rückzug des Oligozän-Meeres setzte die Zertalung des Hunsrücks ein.

Hiatus: Schichtlücke infolge einer Sedimentationsunterbrechung

In der Talenge zwischen Lützelsoon und Koppensteiner Höhe (Soonwald) trifft man bei einer Holzbrücke über den Simmerbach auf den Soonwaldsteig, ein Wanderweg, der von Kirn nach Bingen führt. Dabei kann man am östlichen Ende der Brücke in hautnahen Kontakt mit dem annähernd senkrecht einfallenden Taunusquarzit kommen. Geht man noch ca. 100 m weiter auf dem Pfad, so findet man linker Hand einen alten Steinbruch mit Taunusquarzit (Mittleres Siegen).

Nördlich der Brunnenmühle steht an der B 421 nördlich eines kleinen Bachlaufes am Straßenrand ein Rhyolith (ca. Grenze Karbon/Perm) an. Er durchschlägt, wie man auch in dem alten Steinbruch westlich der Straße erkennen kann, als ca. 8 m mächtiger Gang den Hunsrückschiefer diskordant. Er wurde in diesem kleinen Steinbruch abgebaut.

Gemünden, die „Perle des Hunsrücks“ im Naturpark Soonwald-Nahe, der „Flecken“ unterhalb des viertürmigen Barockschlosses Gemünden, liegt am N-Rand des Soonwaldes an der Mündung des Lametbaches in den Simmerbach (= Kellenbach). Thronend über dem „Flecken“ erhebt sich das 1720 erbaute Schloss der heutigen Herren von Salis-Soglio, die von den „Schmidtburgern“ abstammen. Die schiefergedeckten Fachwerkhäuser weisen auf bedeutenden Dachschieferbergbau im Hunsrückschiefer hin, der noch heute durch die gewaltige Halde der bis 1961 aktiven Kaisergrube sichtbar ist. Diese war im 18./19. Jahrhundert ein Untertageabbau. Vorher, wohl im Mittelalter oder noch früher, müssen die bis in die 70er Jahre des 20. Jahrhunderts wieder mit Hangschutt zugedeckten, terrassenförmigen und mit Pickelspuren versehenen Schieferwände des Tagebaus entstanden sein. In der Nähe dieses heute eingezäunten Terrains befand sich ein niedriger Stollen, der mit Stufen begangen werden konnte. Dies spricht möglicherweise für

Alter Tagebau („Terrassen") der Kaisergrube in Gemünden. Der linke Teil der hinteren Wand ist beim Einsturz des Untertagebaus 1961 ca. 2 m abgesunken.

römischen Schieferabbau, da im Mittelalter keine Stufen üblich waren. Die Schieferindustrie in Gemünden beginnt meist in der ersten Hälfte des 19. Jahrhunderts. Die meisten Gruben im Untertagebetrieb wurden schnell wieder aufgegeben.

Eine alte Hunsrücker Schieferbergbau-Regel besagt, dass ein Schiefer-„Lager" mindestens 3 m dick sein muss, um abbauwürdig zu sein. Deshalb wurde in den meisten Gruben nach kurzer Zeit der Schieferabbau wieder eingestellt. Die Kaisergrube als eine der bedeutendsten Dachschiefergruben im Hunsrückschiefer erwirtschaftete mit durchschnittlich 25 Arbeitern jährlich ca. 12 000 Zentner (240 t) Dachschiefer.

Orthoceraten: Nautiloideen mit gestrecktem Gehäuse

Tentaculiten: Mikrofossilien, den Kopffüßern zugeordnet

Conularien: paläozoische Gruppe der Nesseltiere

Sie wurde bereits im 19. Jahrhundert durch ihre Fossilien berühmt (u. a. Goniatiten, Orthoceraten, Tentaculiten, Trilobiten, Seelilien, See- und Schlangensterne, Seeigel, Conularien und Panzerfische). TRAQUAIR (1896) beschrieb von hier den „Panzerfisch" *Drepanaspis gemuendensis* (9 – 70 cm Länge, häufig 35 – 45 cm). Schichtung und Schieferung liegen bei diesem Dachschiefervorkommen parallel zueinander in saigerer Lagerung. Daher gibt es keine Verzerrung bei der Erhaltung der Fossilien. Dünne Siltlagen im dunklen Tonschiefer entsprechen Turbiditen. Beim kurzzeitigen wissenschaftlichen Abbau des ehemaligen Tagebaus der Kaisergrube in den 70er Jahren des 20. Jahrhunderts fand sich in einer Schicht ein Massengrab von Panzerfischen. Dies deutet auf ein plötzliches Ereignis hin, wohl eher auf Turbidit-/Tempestit-Einträge als auf ein

Sauerstoffdefizit im tieferen Bereich des Sedimentbeckens, das sich nach SW im Streichen bis über Bundenbach hinaus erstreckte. Häutungsreste von Trilobiten belegen eine Durchlüftung des Meerwassers oberhalb des Meeresbodens.

Tempestit: Sturmsediment

Die Kaisergrube ist in den **Geologischen Hunsrück-Lehrpfad Gemünden** integriert, ein ca. 5 km langer, gut ausgebauter Rundweg mit mehreren tonnenschweren Gesteinsblöcken, die die Entwicklungsgeschichte des Hunsrücks vom präkambrischen Gneis über die devonischen und permischen Gesteine bis zum Tertiär anschaulich nachvollziehen lassen. Es sind auch Hunsrückschiefer-Aufschlüsse in den Lehrpfad einbezogen. Die Gesteine sind teilweise auch angeschliffen, sodass die Materialunterschiede zwischen Silt und Tonschiefer besser erkennbar sind.

Kontakt und Info zur Kaisergrube und zum Geol. Lehrpfad s. Kap. „Nützliches und Informatives"

Wandermöglichkeiten von Gemünden an Schieferaufschlüssen und Stolleneingängen vorbei ergeben sich nach Panzweiler, Gehlweiler und Richtung Ravengiersburg. Achtung: Es besteht Lebensgefahr bei Eindringen in offene Stollen!

Nach **Gehlweiler** gelangt man zu Fuß am besten über den Geologischen Hunsrück-Lehrpfad Gemünden, wobei eine Wanderung über die beiden Teilstrecken des Lehrpfades bis zur ehemaligen Gärtnerei Beicht an der B 421 (Hunsrückschiefer-Aufschluss am Simmerbach) möglich ist. Von diesem Punkt bewegt man sich an der Straße Richtung Simmertal an einer kleinen Gaststätte vorbei nach Gehlweiler mit dem sehenswerten „Backes“, dem alten Backhaus des Ortes.

Der Straßendurchstich am Simmerbach zwischen Gemünden und Gehlweiler bei der ehemaligen Gärtnerei Beicht weist Hunsrückschiefer mit Quarzitbänken (mit Schrägschichtung) auf, von denen sich eine prielartig in den Tonschiefer eingetieft hat. Bei diesem Aufschluss kann trotz annähernd senkrechter Lagerung die Hangend-Liegend-Bestimmung mittels der Schichtungs-Schieferungs-Beziehung vorgenommen werden.

Der Weg nach **Panzweiler** entlang des Simmerbaches führt an Schiefer-Aufschlüssen vorbei. Ende der 70er Jahre konnte oberhalb des Ortes in einem heute verfüllten Aufschluss ein Rhyolith auskartiert werden, der heute jedoch wie in Gehlweiler (ebenfalls verfüllter Aufschluss) nicht mehr aufzufinden ist. Von Panzweiler kann man am Talrand des mäandrierenden Simmerbaches eine herrliche Wanderung in beschaulicher Ruhe Richtung Ravengiersburg (mit seinem Hunsrückdom) bzw. Ohlweiler – Simmern unternehmen.

Taunusquarzit-Sattel mit dem „Wackelstein" (Dreispitz) bei der Burgruine Koppenstein.

Der Quarzitrücken im S von Gemünden, die Koppensteiner Höhe (539 m ü. NN), beherbergt die Ruine einer alten Burg, die ehemalige **Burg Koppenstein** aus dem 12. Jahrhundert, von der der 16 m hohe, fünfeckige Bergfried als Aussichtspunkt wiedererrichtet wurde. Von einem Graben im S umgeben, erkennt man noch Mauerreste von Häusern, die zu einer Stadt (!) gehörten, die 1331 Stadtrechte erhielt.

Geologisch befindet sich der Bergfried auf dem Taunusquarzit, der westlich des Turmes eine Sattelachse mit einer nach NW überkippten Falte zeigt (Koppenstein-Sattel). Dieses breite Sattelgewölbe zieht nach SW über den Simmerbach zum Lützelsoon. Als Fotomotiv eignet sich besonders der „Wackelstein", ein Felsdreispitz, ein Wahrzeichen des Soonwaldes. Vom Bergfried blickt man über die Simmerner Mulde zur Hunsrückhochfläche nördlich Kirchberg und Simmern. In der Ferne erkennt man noch Berge der Eifel. Nach S reicht der Blick über die eingetiefte Nahe zum Alsenz-Glan-Berg- und Hügelland sowie zum Donnersberg. Will man von der Burg Koppenstein geradewegs durch den Wald nach Gemünden hinabsteigen, so muss man vorsichtig durch das Felsenmeer „klettern", das als Zeugnis der Eiszeit entstanden ist.

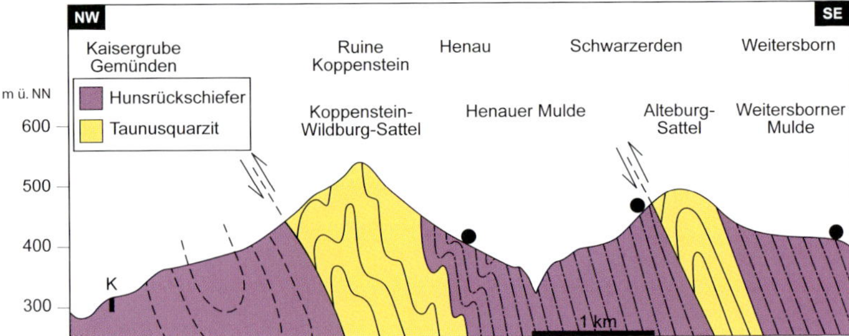

Querprofil durch den westlichen Soonwald südöstlich Gemünden (5-fach überhöht). Der Hunsrückschiefer bei Gemünden ist in die Kaub-Formation (Bundenbacher Schichten) einzustufen. Der Taunusquarzit im Bereich der Ruine Koppenstein bildet den Koppenstein-Wildburg-Sattel (= Soonwald-Antiklinorium nach MEYER 1970).

Nach SE einfallender Unterer Taunusquarzit im Quarzitwerk Henau (Fa. NHB, Kirn).

Der große Steinbruch im SW der Burg, das **Quarzitwerk Henau,** kann auch auf Satellitenbildern identifiziert werden. Er zeigt steil nach SE einfallenden Unteren Taunusquarzit (Mittleres Siegen), der mit seinen teilweise mächtigen Quarzitbänken mit Schrägschichtung hochenergetische, gezeitendominierte Ablagerungsbedingungen aufzeigt. Überkippte Schrägschichtung lässt sich in seltenen Fällen auch beobachten. Diese ist durch Rutschungen an der Oberfläche geneigter Hänge vor Auflagerung neuen sandigen Materials zu erklären. Ein Quarzitblock mit überkippter Schrägschichtung lässt sich am Geologischen Hunsrück-Lehrpfad Gemünden genauer studieren. Deutlich ist im Steinbruch zu sehen, dass die Rotfärbung (Hämatit) zur Tiefe abnimmt, folglich durch Verwitterung herrührt und keine Eigenfarbe darstellt.

Ein Brechwerk bringt das Quarzitmaterial auf verschiedene Größen. Auf der Zufahrt zum Steinbruch sind unterschiedliche Quarzit-Andesit-Splittmischungen (mit Beschreibungen) als jeweils 80 m langer Straßenbelag aufgebracht. Eine Besichtigung des Steinbruchs ist nur mit vorheriger Genehmigung der Fa. Nahe-Hunsrück-Baustoffe (NHB), Kirn/Nahe, möglich.

Rund um Kirn und durch das Hahnenbachtal

Erreicht man von Simmertal über Hochstetten-Dhaun die Stadt Kirn an der Mündung des Hahnenbaches in die Nahe, so kommt man am Hellberg und am großen Andesit-Steinbruch der Fa. NHB vorbei. Biegt man aber bereits in Hochstetten-

Oligozäner Süßwasserquarzit „Findling" SE Hochstädten (Detailbild zu Foto S. 53).

Dhaun zum Ortsteil **Hochstädten** südlich der Nahe ab und erklimmt die Höhe südöstlich des Ortes an roten Konglomeraten des Oberrotliegenden vorbei, so erkennt man den als „Findling" in der TK25 6211 Bad Sobernheim eingetragenen Block, einen Süßwasserquarzit, mitten in einem Feld zwischen zwei Bäumen (ca. 316 m ü. NN). Ähnliche Blöcke liegen noch am Waldrand. Diese gehören in das Tertiär und sind bereits von ATZBACH (1980) mit Vorbehalt in das Oligozän eingestuft worden. Daneben sind noch Gerölle auf den Äckern zu finden, die von der Ur-Nahe nach E transportiert wurden.

Auch die Sande und Tone in einer **Sandgrube im Struther Wald** in Höhen von ca. 310 –› 320 m ü. NN liegen im gleichen Höhenbereich (ca. 10 m hoher Aufschluss). In deren oberstem Abschnitt lässt sich durch Schrägschichtung eine Verlagerung der Sedimentation nach N beobachten. Diese Sedimente muss man als Faziesänderungen in einem mäandrierenden Fluss (Prallhang) sehen, der zwischen Hochstetten-Dhaun und Monzingen/Bad Sobernheim in das Oligozän-Meer mündete.

Foto s. Seite 52

Die Intrusivkörper um Kirn zeigen als Andesite (ca. 57 % SiO_2) recht einheitliche Verhältnisse. Die Andesite der Hellberg- (einschließlich des heutigen Steinbruchs der Fa. NHB), Oberhalmen-

Kirn, die Bier- und Lederstadt, mit einem reichen Inventar geschichtlicher Bauten ausgestattet, bereits 841 erstmalig erwähnt, ist zentraler Ort der Hunsrück Schiefer- und Burgenstraße. Die Stadt muss in früherer Zeit eine wichtige Verkehrsdrehscheibe gewesen sein. Dies lässt sich aus den fünf Burgen bzw. Schlössern ablesen, die im Ort bzw. in unmittelbarer Nachbarschaft hoch über dem Hahnenbachtal gelegen sind. Namensgeber des Ortes und der Kyrburg war die „Kira", der heutige Hahnenbach, deren Name in unserer Zeit nur im Oberlauf als „Kyrbach" erhalten ist. Die Kyrburg (Whisky-Museum!) wurde wohl um 960 auf einem intrusiven Andesit (Aufschlüsse) errichtet. Sie ist damit nach der Schmidtburg die zweitälteste Burg der Region und liegt an einer strategisch wichtigen Stelle oberhalb der Mündung des Hahnenbaches in die Nahe. Die weite Sicht nach allen Seiten bietet dem Besucher dieser Burg einen unvergleichlichen Panoramablick. Die Wege unterhalb der Kyrburg sind der Ausgangspunkt für eine Wanderung in das Trübenbachtal (oberhalb des großen Parkplatzes).

Schiefertone der Lebach-Schichten am Ortsausgang Kirn in Richtung Hahnenbach.

und Gaisberg-Intrusion liegen nahe an der Hunsrücksüdrandverwerfung und sind im tiefen Oberrotliegenden entstanden.

Das **Trübenbachtal**, ein tief eingeschnittenes, wild-romantisches Tal (Landschaftsschutzgebiet) westlich an Kirn anschließend, bietet geologisch und botanisch Interessierten eine Fülle von Eindrücken. Nur muss der Besucher das Tal auch finden, da die Hinweisschilder Mangelware sind. Oberhalb des ersten Parkplatzes führt ein schmaler Pfad nördlich der Kyrburg an Andesitblöcken und -aufschlüssen vorbei. Letztere zeigen eine z. T. starke Verwitterung (Kaolinisierung). Gegenüber des zweiten Parkplatzes biegt ein breiter Weg von der Teerstraße zur Kyrburg ab. Dieser und der schmale Pfad treffen sich auf dem Kamm westlich der Burg. Der Wanderer geht ca. 100 m weiter und biegt dann rechts auf einen schmalen Pfad mit dem Schild „Naturschutzgebiet" ab. Dieser Weg führt geradewegs zum Trübenbachtal. Dort erwartet den Wanderer kein Andesit wie auf der Kyrburg, sondern gelbliche, graue, aber auch schwarze Schiefertone mit Siltsteinen, Serien des Unterrotliegenden (Lebach-Subgruppe). Geht man weiter bachaufwärts, so tauchen in den Hängen die verwitterungsresistenten Andesite auf, die Steilwände und im Bach Wasserfälle bilden. Zwei Blockschuttfelder aus Andesit auf dem S-Hang zeigen die Frostschuttaktivität der Eiszeiten. Die dichten Andesite begleiten den Wanderer bis zur Aufspaltung des Trübenbachtales in seine Quellbäche.

Am Ortsausgang von Kirn Richtung Hahnenbach vor dem Kreisel mit Abzweigung nach Bergen stehen vorwiegend graue Schiefertone der Lebach-Schichten mit ca. 15° SSE-Fallen an. Wenige Eisenkarbonatlagen sind eingeschaltet, außerdem einige Siltlagen. Ein ca. 80 cm mächtiger schräggeschichteter Sandstein schneidet in die liegenden Schiefertone ein. Querschnitte von Rippelmarken lassen sich in der senkrechten Wand hinter dem Schutzzaun beobachten. Gradierung ist festzustellen (nach oben feiner). Die tonigen Seesedimente werden hier von einer sandigen Einschüttung (Randfazies) überlagert.

Die mächtigen Felsen des saiger einfallenden Kallenfelsquarzits in Kirn-Kallenfels (mit Resten der Burgen).

In **Kirn-Kallenfels** fallen die wie riesige Zähne aus dem Boden aufragenden Quarzit-Felsen auf. Diese tragen noch Reste alter Burgen (von oben nach unten: Stein, bereits 1158 erwähnt, Kallenfels und „Stock im Hane"). Besonders an die obersten der drei Felsen gelangt man sehr nah. Im Hahnenbach macht sich dieser annähernd saigere Quarzit durch Stromschnellen und kleine Wasserfälle bemerkbar. Dieser weiße bis bräunliche Quarzit ist bisher fraglich in das Oberems gestellt worden. Nach Conodontenfunden in den nördlich und südlich angrenzenden Schieferserien scheint er in das Oberdevon zu gehören.

Von Schloss Wartenstein kann man sehr schön den Verlauf des Quarzits von den „Kirner Dolomiten" (= Oberhäuser Felsen südlich Oberhausen), einem Kletterparadies, über die Kallenfelser Burgen und die Rippe des Wehlenfels auf der W-Seite des Hahnenbaches überblicken. Die Kirner Dolomiten sind am einfachsten vom Sportplatz Oberhausen zu erreichen.

Schloss Wartenstein, von Weitem zu sehen, ist der nördlichste der fünf befestigten Orte hoch über dem Hahnenbach. Der **Gneis von Wartenstein**, radiometrisch auf 575 Mio. Jahre datiert, zeigt sich in mehreren Formen, vor allem als Muskovit-, Biotit-, Chloritgneis und als Amphibolit. Die Gesteine stehen in der Umgebung des Schlosses an. Die Gneise sind Paragneise, wobei die Bezeichnung „para" ihre metamorphe Genese aus Sedimentgesteinen kennzeichnet. Die Metamorphose fand an der Grenze Präkambrium/Kambrium (cadomische Gebirgsbildung) statt. Die ursprünglichen Sedimente sind also älter und stammen aus dem Präkambrium. Diese Gesteine bilden den Untergrund des Variszischen Gebirges, die hier von nur 40 m mächtigen Bunten Schiefern des Gedinne überlagert werden (HOFMANN 1981). Die Konglomerate in den Bunten Schiefern scheinen eine Erosionsdiskordanz anzudeuten.

Schloss Wartenstein, dessen Vorläufer (Warte) 1350 erbaut wurde, besitzt mit der „Erlebniswelt Wald und Natur" ein kleines, aber sehenswertes geologisches Museum, in dem der dort auch anstehende Gneis von Wartenstein sowie die um Kirn herum wichtigen Zeiteinheiten Devon, Perm, Paläogen und Neogen mit Originalfossilien sowie zu diesen Zeiten passenden, hervorragend gestalteten Lebensbildern präsentiert werden. Ein morphologisches Höhenrelief des Raumes Kirn – Gemünden – Bundenbach ermöglicht einen geographischen Überblick über den Exkursionsraum.

Kontakt s. Kap. „Nützliches und Informatives"

Im Ort **Hahnenbach** findet sich auf der östlichen Straßenseite ein Intrusivdiabas mit Kontaktmetamorphose in den angrenzenden Tonschiefern des Givet (Mitteldevon). Diese wurden durch den mit maximal 1 200 °C aufgestiegenen und annähernd parallel zur Schichtung eingedrungenen Vulkanitkörper gehärtet und durch Blastese (Quarz) verändert. Die hier 15 – 25 cm breite Kontaktzone weist einige Zehntel Millimeter bis millimetergroße, in die Schieferung eingeregelte Quarze auf. In dieser Größe gibt es sie nicht im Schiefer, dem Ausgangsmaterial des Kontaktgesteins, sodass letzteres als Knotenschiefer bezeichnet werden kann. Die Diabase, ihrem Chemismus nach variszische Basalte, gehören zur Phase des basischen Vulkanismus im Givet/Adorf (Mitteldevon/Oberdevon I) in weiten Teilen des Rhenoherzynikums.

Blastese: Wachstum einzelner Minerale bei der Umkristallisation

Intrusivdiabas mit seinem Kontakthof (Knotenschiefer) in Tonschiefern des Mitteldevons in Hahnenbach.

Intrusivdiabas an der Straße Hahnenbach – Hennweiler.

Der **Aussichtspunkt Sonnschied** (420 m ü. NN) am westlichen Ortsausgang von Sonnschied bietet einen morphologischen Überblick über die Region, den nach SW abtauchenden Taunusquarzit-Kamm des Lützelsoons sowie die Verebnungsfläche des Hunsrückschiefers mit den Orten Hennweiler und Oberhausen, die sich über das Hahnenbachtal bis Griebelschied hinzieht. Die beiden oberen Kallenfelser Burgen und Schloss Wartenstein betonen das tief eingeschnittene Engtal des Hahnenbaches.

Vom N-Rand Sonnschieds hat man einen Blick nach N über Bundenbach bis zum nach NE abtauchenden Idarwald. Von Sonnschied ist also der Blick nach fast allen Seiten möglich.

Zwischen Hahnenbach und **Hennweiler** trifft man nach ca. 2 km wieder auf den Intrusivdiabas von Hahnenbach, der hier durch seine Verwitterungsstabilität einen Grat aufbaut. Er zeigt aufgrund seiner langsamen Abkühlung eine grobkörnige Struktur.

Teufelsfels (Taunusquarzit des Lützelsoon-Rückens) N Hennweiler.

Um zum **Teufelsfels** zu gelangen, erreicht man an der Straße Hennweiler – Bruschied einen Parkplatz mit Unterstellhütte auf der E-Seite der Straße. Von dort beginnt ein gut ausgeschilderter Wanderweg zum ca. 1,5 km entfernten Aussichtsturm am Teufelsfels. Der Höhenunterschied zwischen dem Parkplatz (ca. 430 m ü. NN) und dem Teufelsfels (560 m ü. NN) von ca. 130 m dürfte für jeden zu schaffen sein. Der Wanderweg ist Teil des Soonwaldsteigs. Die Wanderung über die mit Löß bedeckte Verebnungsfläche verläuft an der Hirtenwiese (NSG) vorbei. Danach wird der Taunusquarzit-Blockschutt (als jüngste Bildungen) immer stärker. Nach dem kurzen Steilanstieg erwartet den müden Wanderer am

Lützelsoon-Kamm eine Blockhütte (Platz für über 20 Personen). Beim 1984 errichteten Turm, dem „Langen Heinrich“, steht der Teufelsfels als nahezu senkrechte Wand (Einfallen ca. 80–85° SE) an, ein Naturdenkmal. Gangquarz-Ausfällungen vor allem auf den Klüften sind Zeugen einer starken tektonischen Beanspruchung, die auch bereits durch die Vertikalstellung deutlich wird. Vom Turm hat man einen Ausblick nach N bis Kirchberg, nach NW über Bundenbach zum Idarwald, nach SW zur Wildenburg (nördlich Idar-Oberstein) und nach S über Hennweiler in das Nahe-Bergland. Der Donnersberg soll an schönen Tagen auch zu sehen sein. Hier am Teufelsfels ist selbst für „Geocacher“ etwas zu finden! Die Geocacher wissen es. Für die anderen soll es ein Geheimnis bleiben.

Bewegt man sich auf der Straße Hennweiler – Bruschied weiter in Richtung Bruschied, so trifft man vor einer scharfen Kurve, nach der ein Parkplatz mit Brotzeitbank folgt, auf kleine Aufschlüsse von Taunusquarzit im Hang, die Faunen des Siegen lieferten. Neben den leitenden Spiriferen *Acrospirifer primaevus* und *Hysterolites hystericus* kann man noch weitere Brachiopoden wie *Tropidoleptus carinatus*, *Platyorthis circularis* und die riesige *Boucotstrophia herculea* finden. Die Koralle *Pleurodictyum problematicum* (bis 5 cm Durchmesser) ist hier ebenfalls charakteristisch.

In Bruschied besitzen einige Häuser noch alte Schieferdeckung auf Dächern und Wänden, z. T. sogar mit Verzierungen. Dies ist auch in **Rudolfshaus** der Fall. Am Ortseingang von Rudolfshaus aus Richtung Bruschied befindet sich heute der Dachdeckerbetrieb H. Stein an der Stelle, wo früher viele Schieferarbeiter der Untertagegrube Altlayenkaul tätig wa-

Der **Wassererlebnispfad Hahnenbachtal** zwischen dem Forellenhof und der Ruine Hellkirch (im Tal zwischen Schmidtburg und der Besuchergrube Herrenberg/Bundenbach) dient nicht nur der Erfrischung, sondern weist auch zur Geologie Interessantes auf. Der Vorfluter Hahnenbach wird als Mäandertalgewässer angesprochen. Er besitzt nur Kerbtalgewässer als Zuflüsse. Die Oberläufe der Bäche sind hier stets Kerbtalgewässer.
Informationen gibt es u. a. auch zu den aufgelassenen Schieferstollen, zu Quellaustritten, zum Bergbau (Erz- und Schieferbergbau), zum Hochwasser und zu den Schleifmühlen. So war die bis in das 19. Jahrhundert am Hahnenbach betriebene Schleifmühle Götzenau eine Achatschleife. Das Rohmaterial kam aus Idar-Oberstein und wurde hier vor allem zu Murmeln verarbeitet. Diese „Klickerschleifer“ waren vor allem im Hahnenbach- und Simmerbachtal tätig. Die Achatschleifen wurden aufgrund der brasilianischen Funde Ende des 19. Jahrhunderts aufgegeben.

Hunsrückschiefer mit einer Quarzitbank bei der Ruine Hellkirch.

ren. Der Stolleneingang zur Grube lag am Fuße der hinter den Gebäuden aufragenden Steilwand. Im Juni 1979 stürzte an einem Wochenende die Grube ein. In der Folgezeit entwickelte sich an dieser Stelle der Dachdeckerbetrieb. Unterhalb dieses Betriebes erstreckt sich bis zur Straße Rudolfshaus – Kirn die alte Schieferhalde, die Korallen (*Zaphrentis sp.*) in karbonatischer Erhaltung und vor allem Häutungsreste des Trilobiten *Chotecops (Phacops) ferdinandi* geliefert hat.

Im 19. Jahrhundert gab es in Rudolfshaus noch eine Achatschleife, die ihr Material aus Idar-Oberstein bezog. Sie arbeitete bis 1875.

Von der **Ruine Hellkirch** auf einem steil nach allen Seiten abfallenden Gipfel steht nur noch der Rest des Bergfrieds. Die ehemalige Burg ist über einen schmalen Grat zu erreichen. Unterhalb des Bergfrieds sowie am Talboden gibt es Aufschlüsse im Hunsrückschiefer.

Im Tal südlich der Ruine Hellkirch trifft man alte Versuchsstollen, die heute vor allem Fledermäusen (10 Arten in der Region) zur Überwinterung dienen. In diesem Bereich sind noch mindestens zwei verschiedene Niveaus von eiszeitlich gebildeten Flussterrassen zu finden, die möglicherweise durch die Burgbewohner anthropogen verändert wurden. Im Tal südlich des Burgberges der Ruine verläuft ein teilweise in den Schiefer gehauener Weg, bei dem tief eingeschnittene Radspuren einen Altweg ausweisen.

Woppenroth (das „Schabbach" aus dem Film „Heimat" von Edgar Reitz) besitzt mit seiner Wacholderheide ca. 500 m südlich des Ortes am Waldrand (südlich der L 162 nach Rhaunen) einen im Hunsrück einmaligen historischen Nutzungsaspekt.

Umlaufberg: entsteht bei einem mäandrierenden Fluss beim Durchbruch der Mäanderschlinge

Dill ist ein Geheimtipp und Kleinod. Das um den Burgberg angesiedelte idyllische Dorf ist durch diesen „werdenden" Umlaufberg des Diller Baches (eingesattelter Spornberg) mit der

Aufschluss an der Abzweigung „Zur Burg" von der Dorfstraße Dill mit der Diskordanz im Hunsrückschiefer.

Ruine der 1697 zerstörten Burg Dill bekannt. Weniger bekannt dürfte der in der Verlängerung des Idarwald-Antiklinoriums geologisch hervortretende Sattel von Dill sein, der durch den Burgberg zieht. Aufschlüsse gibt es rund um den Berg. In einem Aufschluss lässt sich eine Diskordanz im Hunsrückschiefer beobachten, die tektonisch überprägt worden ist. In der Nähe des Ortes ist die rekonstruierte Römerstraße mit einem Wachtturm zu besichtigen. Diese Straße benutzte Ausonius 367 n. Chr. auf seinem Weg nach Trier.

In **Rhaunen** entsteht durch den Zusammenfluss seiner Quellbäche der Hahnenbach, der in Hausen auch den in althochdeutscher Zeit „Kira" genannten Kyrbach aufnimmt.

In **Bärenbach** liegt der geographische Mittelpunkt von Rheinland-Pfalz (7° 18' 37,5" östliche Länge, 49° 57' 18,5" nördliche Breite). Am Waldrand befindet sich in einem eingezäunten Bereich der Stein mit den Positionsdaten.

Bei Reckershausen an der **Reckershauser Höhe** auf etwa 453 m ü. NN bis zum S-Rand des Gemeindewaldes Biebern an der K 15 lassen sich Tertiär-Tone, -Kiese und -Schotter beobachten. Dicht gepackte Gerölle waren in einem Aufschluss bei ca. 441 m ü. NN aufgeschlossen. Unter den angerundeten Komponenten befand sich u. a. neben Gangquarz auch Taunusquarzit, der durch die Strömung von S hierher transportiert und abgelagert wurde. Auf etwa 446 m ü. NN lässt sich westlich der Reckershauser Höhe am Ackerrand ein fast ausschließlich aus Quarzkies bestehender weißer Streifen beobachten. Ebenfalls kann man Eisenbrekzien an der Reckershauser Höhe

Nach SE einfallender Hunsrückschiefer östlich Krummenau an der L 190.

entdecken, die solchen bei Gemünden gleichen. Die Geländehöhe korreliert sehr gut mit dem Brandungskonglomerat am Lametbach im Soonwald.

Eine Pforte, wenn nicht die einzige, durch die das Tertiär-Meer nach N in das heutige Mosel-Einzugsgebiet fließen konnte, befand sich zwischen Belg und Kappel an der Wasserscheide zwischen Mosel und Nahe. Die Tone und Kiese von **Rödelhausen** in einer Höhe von 430–455 m ü. NN entsprechen in Fazies und Höhe den Vorkommen der Reckershauser Höhe, sodass diese über den Kücherhof und Todenroth nach W eine Verbindung mit dieser nördlichen Pforte gehabt haben. Die Kiese in Rödelhausen bestehen zu 100 % aus kaum gerundeten Milchquarzen und besitzen unregelmäßige Toneinschaltungen (ZÖLLER 1984).

Östlich **Krummenau** an der L 190 Rhaunen – Horbruch – B 327 befindet sich ein Hunsrückschiefer-Aufschluss in gut gebankten Tonschiefern mit SE-Fallen (um 45°). Diese Tonschiefer liegen bereits nördlich der Überschiebung des Taunusquarzits des Idarwaldes auf den nordwestlich sich erstreckenden Hunsrückschiefer. Südlich dieses Aufschlusses tritt am Idar-Bach (nicht der Idarbach von Idar-Oberstein!) zwischen Krummenau und Rhaunen der Obere Taunusquarzit auch auf der NE-Seite dieses Tales auf.

Der **Idarkopf** (745,9 m ü. NN) ist bequem vom Wanderparkplatz (693,8 m ü. NN) an der Straße Horbruch – Stipshausen in ca. 2 km Entfernung zu erreichen. Der Idarkopf ist einer der schönsten Aussichtspunkte im Hunsrück. Vom Aussichtsturm

Blick von Oberhausen bei Kirn über Hennweiler zum Idarwald.

reicht der Blick nach N in die Eifel mit Nürburg und Hohe Acht, nach E über die Hunsrückhochfläche und die Simmerner Mulde sowie nach S bis zum Lützelsoon (möglicherweise auch bis zum Donnersberg in ca. 55 km Entfernung).

Vom Fischbachtal über den Erbeskopf nach Morbach

Von Kirn gelangt man auf guten Wanderwegen über Kirnsulzbach nach Fischbach. In **Kirnsulzbach** findet man im Zentrum des Ortes zwischen Linde und Bürgerhaus ein dreieckiges, an den Ecken abgeflachtes Brunnenhaus, das 1929 errichtet wurde und die ehemalige, heute unscheinbare Mineralquelle beherbergt. Im heutigen Bürgerhaus war bis zur Schließung des Brunnens 1985 die Abfüllanlage installiert. Gräbt man im Ort, so stößt man im zentralen Bereich häufig auf einen Schwefelgeruch aufweisende Wässer.

Wandert man von Kirnsulzbach nach W auf dem Grat durch Wiesen und Wälder hoch und hält sich im Wald auf dem linken Weg, so erreicht man eine Lichtung mit freiem Blick nach W über Fischbach, Weierbach und Nahbollenbach bis zum Stadtteil Struth in Idar-Oberstein. Der **Bremerberg** mit seinem „Schlackenwall“ ist durch einen Sattel mit der nach N ansteigenden Hochfläche verbunden, die am Eingang zum Wald alte Abgrabungen von Sandsteinen der Tholey-Schichten des Unterrotliegenden vorweist.

Der eisenzeitliche **Schlackenwall auf dem Bremerberg** kann anhand von Holzresten mittels dendrochronologischer Untersuchungen in die Hallstattzeit datiert werden. Die Ringfolge der Holzreste reicht von 762 – 514 v. Chr. Die Nutzung des Berges beginnt also spätestens 514 v. Chr. Volkstümlich wird dieser Berg aufgrund der bei einem Brand glasig verschlackten Andesite der ehemaligen Burgmauer auch „Glasburg" genannt.
Vom Bremerberg konnte man das Nahetal kontrollieren, aber ebenfalls einen Altweg von Kirnsulzbach nach Fischbach. Von diesem zweigt nach N eine Römerstraße ab, die sicher schon zu keltischer Zeit eine Verbindung zum 2 km entfernten Regelsköpfchen hatte, in dessen südlichstem Teil eine weitere keltische Befestigung, die Ringmauer von Fischbach, ca. 500 m südlich des heutigen Fischbacher Kupferbergwerks, lag. Im Nahe-Raum, aber nicht nur dort, besteht häufig eine Nachbarschaft von keltischen Höhenburgen und Kupfervorkommen (SCHINDLER 1978), die vermuten, aber bisher nicht beweisen lässt, dass die Kelten bereits Kupfer abgebaut haben.

Kontakt s. Kap. „Nützliches und Informatives"

Das **Historische Kupferbergwerk Fischbach/Nahe** im Hosenbachtal zeigt exemplarisch den ehemaligen Erzbergbau. Die erste urkundliche Erwähnung stammt aus dem Jahr 1473. Gegen Ende des 16. Jahrhunderts arbeiteten im Bergwerk ca. 300 Personen! Zusätzlich kann man noch 200 Personen (Arbeiter in den Schmelzhütten, Kohlenbrenner, Fuhrleute u. a.) für den Gesamtbetrieb hinzurechnen. Damit lebten bei einer Familiengröße von mindestens 5 Personen damals über 2 500 Menschen vom Fischbacher Kupferbergwerk. Bedeutend war die „Fischbacher Wasserkunst", mit der das Wasser wohl ab 1747 aus der Grube, aus ca. 120 m Tiefe, an die Oberfläche gepumpt wurde. Außergewöhnlich waren die großen Weitungen (Weitungsbau). Bis 1792 war die Grube in Betrieb. 1975 ist das Bergwerk für Besucher geöffnet worden. An der Besuchergrube beginnt ein 3,5 km langer Bergbau-Rundweg zur Geologie und zum Bergbau des Hosenbachtales.

Sedimente (links) und liegende Lavadecke (Dazit Typ Finkenberg) an der L 160 gegenüber dem Gemeindehaus Fischbach.

An der L 160 gegenüber dem Gemeindehaus Fischbach stehen Sedimente zwischen zwei Lavadecken an. Diese relativ steil nach SE einfallenden Sandsteine, Siltsteine, Tonsteine und Tuffite zeigen eine Zeit ohne bzw. mit wenig Vulkanismus zwischen dem

Sedimente im Hangenden des Latiandesits Typ Steinkaulenberg; alter Stbr. Bernhard beim Stbr. Juchem, Fischbachtal.

liegenden Dazit Typ Finkenberg und dem hangenden Rhyodazit Typ Göttschied. Die Sedimente wie die Vulkanite gehören in das Oberrotliegende (Nahe-Subgruppe).

Der riesige Steinbruch der Fa. Juchem im Fischbachtal baut die tiefsten Lavadecken nordwestlich der Hunsrück-Tiefenstörung ab. Eine Sedimentfolge, die sehr gut im alten **Steinbruch Bernhard** auf der S-Seite der L 160 aufgeschlossen ist, trennt hier den Latiandesit Typ Steinkaulenberg als tiefste Lavadecke vom Dazit Typ Finkenberg. Die Sedimentserie zwischen den beiden Lavadecken mit Konglomeraten, Sandsteinen, Tonsteinen und Tuffiten zeigt im tieferen Teil einen zweimaligen Farbwechsel von rot nach grün (unterschiedliches Klima ?). Auch an der Basis des Latiandesits treten Konglomerate und darunter Siltsteine, Tonsteine und Tuffite auf.

Da beide Lavadecken drusenreich sind, versuchen hier schon lange die Mineralienbegeisterten, schöne Funde zu machen. Heute geht dies nur unter Kostenbeteiligung der Sammler durch Führung der Fa. Juchem. Die Anmeldung und der Verkauf der Eintrittskarten erfolgt bei der Geracher Wasserschleife. Die bis 1956 betriebene Geracher Wasserschleife ist eine von 150 im 19. Jahrhundert wasserbetriebenen Achatschleifen im heutigen Bereich der Deutschen Edelsteinstraße.

Kontakt zu den Wasserschleifen s. Kap. „Nützliches und Informatives“

Die historische Edelsteinschleiferei, die **Alte Wasserschleiferei Biehl** bei der Asbacherhütte (an der Deutschen Edel-

Herrstein, der Verbandsgemeinde-Mittelpunkt im Fischbachtal, besitzt mit seinem historischen Zentrum (EU-prämiert), dem Heimatmuseum (mit geologischem Teil; Kontakt s. Kap. „Nützliches und Informatives“) und mit einem thematischen Wanderweg am Saar-Hunsrück-Steig, der Traumschleife des Mittelalterweges, hohe Anziehungskraft. Das kleine Städtchen an der Deutschen Edelsteinstraße mit erhaltener Stadtmauer und Wehrtürmen lädt zum Verweilen ein. Man muss durch das Stadttor, den Uhrturm, gehen, um vom Flair des Ortes gefangen zu werden. Der „Heresteyn“, ein Schieferfels zwischen Glocken- und Schinderhannesturm, gab dem Ort seinen Namen. Am Rande des Städtchens hat die Fa. Effgen ihren Sitz. Sie kann Diamanten bearbeiten, um sie für verschiedene technische Anwendungen einsetzen zu können.

steinstraße), mit einem oberschlächtigen Wasserantrieb für den Schleifvorgang ausgerüstet, zeigt noch die alte Kunst des Schleifens im Liegen wie im 19. Jahrhundert. Vor ca. 200 Jahren hat der Urgroßvater des heutigen Besitzers die frühere Gipsmühle in eine Wasserschleiferei umgewandelt. Die 3 – 5 t schweren Schleifsteine mit einem Durchmesser von bis zu 2 m werden allein durch die Wasserkraft des Asbaches angetrieben. Die Energie wird vom Wasserrad über Treibriemen auf die Schleifsteine übertragen. In diesem Betrieb hat sich also die alte Arbeitsweise über Generationen erhalten. Hier kann man hautnah die verschiedenen Tätigkeiten eines typischen Edelsteinarbeiters mitverfolgen, das Sägen, Schleifen, Formen und Polieren. Daneben wird erklärt, wie z. B. der Achat zu seinen verschiedenen (künstlichen) Farben kommt oder wie die runden Steine (Cabochons) entstehen.

Cabochon: Schliff mit glatter, rundlicher und gewölbter Oberfläche

Der frei zugängliche **Edelsteingarten Kempfeld** zeigt 62 verschiedene Gesteine bzw. Mineralien mit Erklärungen (u. a. Fundort, Entstehung, Dichte, Formel). Zusätzlich werden 7 Mineralstufen aus dem Raum Idar-Oberstein und 12 Spezialstücke vorgestellt. Hier kann man die Rohsteine der Edelsteine kennenlernen, wie man sie selten in dieser Zusammenstellung sieht.

Kontakt s. Kap. „Nützliches und Informatives“

Der **Wildenburger Kopf** (NSG) mit der ehemaligen Wildenburg (674 m ü. NN, Aussichtsturm) südlich Kempfeld krönt neben der Mörschieder Burr (646 m ü. NN, NSG, keltischer Ringwall, Aussichtspunkt) das NE-Ende des Taunusquarzit-Zuges des Schwarzwälder Hochwaldes, der sich weiter nach NE in anderer Fazies fortsetzt und dadurch nicht mehr dieselbe Höhe aufweist. Die Wildenburg, die höchstgelegene Burgruine von Rheinland-Pfalz, kann auf eine bedeutende Geschichte zurückblicken: keltische Burg (z. T. rekonstruierte Pfostenschlitzmauer), römisches Bergheiligtum und mittelalterliche Burg (1330 erbaut, Ruine 1651). Der 1976 neu errichtete Aussichtsturm

Blick von N über Kempfeld zum Taunusquarzit-Rücken mit dem Wildenburger Kopf (674 m, Aussichtsturm).

steht auf einem Taunusquarzit-Sattel, der unterhalb des Turmes gut aufgeschlossen ist und Schrägschichtung aufzeigt. Die Aufschlüsse entlang der Kammlinie neben dem Fernwanderweg Saar-Hunsrück-Steig zeigen die speziellen Bedingungen der rund 400 Mio. Jahre alten Sandbarre im Gezeitenbereich.

An der Wildenburg (Freizeitanlage, Wohnmobilstellplatz, Wildfreigehege) treffen mehrere Wanderwege zusammen. Hier kann man auch Erlebniswege (z. T. mit geologischen Erläuterungen) begehen. Im Eingangsbereich zum Tiergehege findet sich eine kleine Ausstellung zur geologisch-paläontologischen Sammlung des Forschers und Lehrers Rudolf Opitz mit Taunusquarzit- und Hunsrückschiefer-Fossilien.

In der Nähe der Wildenburg liegen weitere Naturschutzgebiete wie die SW-orientierte **Rosselhalde**, die mit 51 ha größte eiszeitliche Quarzitblockhalde, die Kirschweiler Festung (mit keltischem Ringwall, 623 m ü. NN) und der Pfannenfels (680 m ü. NN) mit spezieller Flora und Fauna. Die Rosselhalde ist von der Straße Tiefenstein – Katzenloch (B 422) an der Abzweigung nach Kirschweiler (K 20) gut zu überblicken. Ein Wanderweg führt durch den Blockschutt hindurch.

NSG Rosselhalde (eiszeitlicher Taunusquarzit-Blockschutt) N Kirschweiler.

Schiefergedeckte Kirche (mit Stumm-Orgel) in Allenbach.

Beim **Geopark Krahloch bei Sensweiler** geben Schautafeln an 14 Stationen entlang eines ca. 1 km langen Rundweges Informationen über die Geologie, den Bergbau und den Naturraum. Den Geopark kann man auch als Teil des Naturpfades Idarbach begehen. Durch einen alten Dachschieferstollen taucht man ein in die Welt der Bergleute. Neben dem Schieferbergbau werden die Erzvorkommen und heimischen Schmucksteine vorgestellt.

Kontakt zum Geopark Krahloch s. Kap. „Nützliches und Informatives"

Allenbach war durch seine zwei Kupferschmelzen im späten Mittelalter und in der frühen Neuzeit ein bedeutendes Industriezentrum. Obere und Untere Schmelze arbeiteten von 1461 bis in das 19. Jahrhundert. Das in Allenbach oder Fischbach erschmolzene Kupfer wurde wegen seiner guten Qualität gerühmt, die durch den geringen Silbergehalt bedingt war. Das zu den Allenbacher Hütten gelieferte Erz kam vorwiegend vom Fischbacher Kupferbergwerk, dessen Rohstoffe auch zeitweise in Fischbach selbst, Mörschied und Kirschweiler verarbeitet wurden. Allenbach hat den größten Teil des Fischbacher Kupfererzes verhüttet. 1770 war der Höhepunkt der Kupferproduktion auf beiden Allenbacher Hütten. Um die Schulden am Fischbacher Bergwerk teilweise zu decken, verkaufte der Markgraf von Baden als Eigentümer 1789 die zum Bergwerk gehörende Allenbacher Hütte. 1795 übernahm die Familie Stumm die alte Schmelze und wandelte sie in einen Eisenhammer um, der 1801 stillgelegt wurde.

Die Lage der Schmelzen vor allem an den Oberläufen der Bäche hat mit der Nähe zu den gut wüchsigen Wäldern der Höhenlagen zu tun. Allenbach liegt am Oberlauf des Idarbaches in der Nähe des Erbeskopfes. Südwestlich Allenbach schließt sich der Ausläufer der morphologisch definierten Simmerner Mulde mit Hunsrückschiefer zwischen den hohen Quarzitzügen Idarwald und Schwarzwälder Hochwald. Im Bereich des

Taunusquarzits entspringt der Idarbach, der bei Katzenloch durch den Wildenburg-Taunusquarzit-Zug (= Schwarzwälder Hochwald) Richtung Idar-Oberstein fließt.

Am Allenbacher Weiher beginnt der Naturpfad Idarbach, der auch zum Ringkopf (650,1 m ü. NN, keltische Wallanlage) mit Taunusquarzit führt. Was nicht im Lexikon steht: Karl IV. (1604–1675) wurde als Herzog von Lothringen von Ludwig XIV. vertrieben und starb 1675 in Allenbach im Hunsrück.

Der **Idarwald-Rücken** bildet ein großes, nach NW auf Hunsrückschiefer überschobenes Antiklinorium aus vorwiegend Taunusquarzit, aber auch aus kleineren Hunsrückschiefer-Einmuldungen. Dieser Sattelzug verläuft vereinfacht vom Idarkopf (746 m ü. NN) im NE nach SW zum Hunsrückhaus mit aushebender Sattelachse. Der **Erbeskopf**, die höchste rheinland-pfälzische Erhebung mit 816,32 m ü. NN, liegt auf dessen SE-Flanke. Bereits nordöstlich des Erbeskopfes treten im Kern des NW-vergenten Antiklinoriums die Hermeskeil-Schichten auf, ziehen unterhalb des Erbeskopfes nach SW und werden von den Bunten Schiefern des Obergedinne im Kern abgelöst.

Der Blick vom Erbeskopf lohnt sich. Die Sicht, auch die vom 12 m hohen Turm, geht, durch die Bewaldung bedingt, zurzeit nur nach N über das tief eingeschnittene Moseltal (± 100 m ü. NN) bis in die Hohe Eifel. Die schwer verwitterbaren Gesteine des Taunusquarzits erheben sich 200–300 m aus den umgeben-

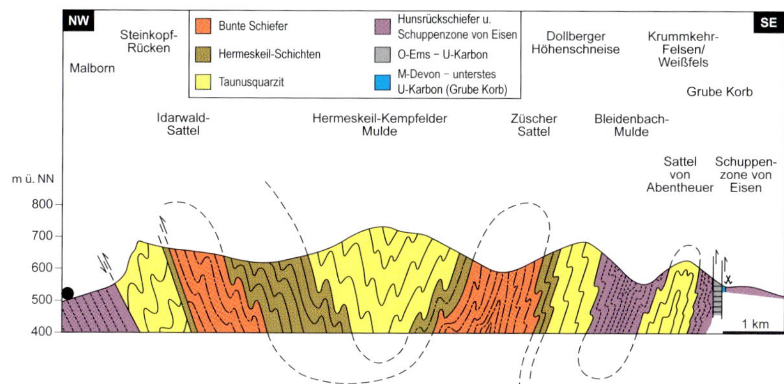

Querprofil durch den Idarwald und Schwarzwälder Hochwald (5-fach überhöht). Der Sattel von Abentheuer entspricht dem Koppenstein-Wildburg-Sattel (= Soonwald-Antiklinorium nach MEYER 1970).

Ortelsbruch bei Morbach.

den Gebieten heraus, die aus weniger verwitterungsresistenten Gesteinen aufgebaut sind. Die Höhen des Osburger Hochwaldes (bis 669 m ü. NN) und der Haardtkopf (658 m ü. NN) sind als reliktische Rumpfflächen mit dem Soonwald zu vergleichen (wohl Oberkreide), während das Niveau des Idarwaldes mindestens in die Kreide (? Jura) zurückreicht (ZÖLLER 1985).

Um den Erbeskopf entspringen die für die Gegend wegen ihrer guten Wasserführung wichtigen Bäche Idarbach im SE und Traunbach im S sowie Quellen von Zuflüssen der beiden Dhron-Bäche im SW/W und N (Röderbach, Simm). Vom Gipfel des Erbeskopfes gibt es mehrere Wandermöglichkeiten, darunter eine zum Hunsrückhaus bzw. Richtung Morbach auf dem gut beschilderten Saar-Hunsrück-Steig mit weiteren interessanten Punkten. Das Hunsrückhaus (geeignet für Seminare und Tagungen) bietet neben Erholung (Freizeitanlage, Information)

Moore

Moore stellen einen Sonderfall warmzeitlicher Bodenbildungen dar. Sie entstehen, wenn mehr organische Substanz gebildet wird, als schließlich wieder zersetzt wird. Zwei Typen von Mooren können unterschieden werden: Nieder- und Hochmoore. Niedermoore entstehen bei der Verlandung von Gewässern, Hochmoore beziehen ihr Wasser ausschließlich aus Niederschlägen. Zu ersteren gehören die Hang- oder Quellniedermoore, die sich aus diesen Anfängen auch zu Hochmooren entwickeln können. Diese Übergangsmoore werden im Hunsrück „Brücher" oder „Hangbrücher" genannt. Die Hangquellmoore finden sich an Quellen, die meist permanent Wasser führen, zeitweise während Trockenperioden jedoch auch versiegen können. Trockenzeiten müssen die Moorpflanzen durch ihr Wasserspeichervermögen bzw. ihre Tiefendurchwurzelung ausgleichen. Die Quellen treten unter dem lockeren Oberboden an der Grenze zu den eiszeitlich verdichteten Solifluktionsböden (Fließböden) auf.

Vom Rand eines Moores zu seinem Inneren nimmt der Wassereinfluss stetig zu, damit auch die Dauer und Intensität der Bodenvernässung. Ohne einen intakten Wasserhaushalt kann sich kein Moor aufbauen. In den früheren, lichteren Wäldern stand den Mooren mehr Wasser zur Verfügung. Von den ehemals über 500 ha Moorflächen im Idarwald dürften noch annähernd 150 ha einigermaßen intakt sein. Letztere befinden sich vor allem auf dem NW-Hang des Idarwaldes. Aufgrund der unterschiedlichen Sonneneinstrahlung auf dem NW- und SE-Hang und der dadurch bedingten unterschiedlichen Verdunstung darf vermutet werden, dass die Vermoorung auf dem NW-Hang früher einsetzte als auf der SE-Seite. Bisher liegen nur wenige Daten über den Beginn der Vermoorung der Hangquellmoore vor, der in die Zeit am Ende des Atlantikums (Ende Mittlere Wärmezeit, 2000 – ? 3000 v. Chr; Neolithikum) zu setzen ist.

Die Vermoorung begann über Holzkohlenlagen mit Cyperaceen (Seggen), wobei in der Folgezeit Sphagnen (Sphagnum = Torfmoos) in Abhängigkeit vom Standort die

Vorherrschaft über die Cyperaceen übernehmen konnten. Durch die mit der Vermoorung einhergehende Versauerung drangen die Birken (Moorbirken) in die Brücher ein (Birkenbrücher). Die Moorbirke ist hier die natürliche Baumart. Die Moore liegen meist an schwach muldigen Hängen, an denen sich unter dem Einfluss des Hang- oder Quellwassers eine charakteristische Flora ausgebildet hat (Rundblättriger Sonnentau, Scheiden-Wollgras, Moorbeere, die Torfmoose Sphagnum magellanicum und Sphagnum rubellum). Sphagnum magellanicum findet sich fast nur auf Moorbulten (kleine Hügel, Hochmoorkörper). Der jährliche Zuwachs der Moore beträgt in Mitteleuropa durchschnittlich 0,5 – 1,5 mm. Für einen Torfkörper von mehr als 2 m Mächtigkeit werden demnach ca. 2 000 Jahre benötigt!

Torfmoose sind bei ihrer Ernährung auf den geringen Mineralgehalt des Regenwassers und der Staubeinträge angewiesen. Sphagnen können aus ihren Zellmembranen Wasserstoff abgeben und lebenswichtige Nährstoffe vor allem aus dem Wasser aufnehmen. Entscheidend für das Hochmoorwachstum ist das Wasseraufnahmevermögen der Torfmoose, die wie Moose allgemein Wasser im Wesentlichen durch ihre Oberfläche aufnehmen können. Sphagnen besitzen jedoch noch zusätzlich Poren, durch die Wasser eindringen kann. Sie können bis über das 30-fache ihres Trockengewichts an Wasser speichern. Die Bulten gleichen einem nassen Schwamm. Torfmoose können in Trockenperioden Wasser aus tieferen Bultenbereichen hochziehen.

Moore sind Extremstandorte und bilden ein bedeutendes Regulans im Landschaftswasserhaushalt. Durch ihr hohes Wasserspeichervermögen können sie viel Wasser bei Starkregen zurückhalten. Der Oberflächenabfluss wird dadurch verringert, wodurch die Scheitelhöhe von Hochwässern niedriger gehalten wird.

Die Konfliktsituation zwischen Naturschutz und Wasserentnahme wird anhand einer Informationstafel zum Wasserkreislauf unterhalb des Hunsrückhauses exemplarisch für die Verbandsgemeinde Thalfang verdeutlicht. Dort sind u. a. 19 Quellen und Brunnenstuben der Verbandsgemeinde am NW-Hang des Idarwaldes zwischen Simbach im NE und Thiergarten im SW dargestellt. Aus 32 Quellen werden jährlich ca. 700 000 cbm Wasser zur Trinkwasserversorgung für etwas mehr als 8 000 Einwohner gefördert. Dieses Wasser wird dem Naturhaushalt entzogen.

einen Themenweg zur Entstehung der Landschaft sowie zur Natur und Umwelt (Kontakt s. Kap. „Nützliches und Informatives“).

Der **Ortelsbruch** südlich Morbach zieht sich über 1,5 km von den Höhen um 700 m ü. NN unterhalb des Usarkopfes (724,3 m ü. NN) bis auf ca. 500 m ü. NN an einem Quellbach des Morbaches hangabwärts. Teilbereiche des Moores besitzen unterschiedliche Bezeichnungen wie Dreckpfuhl, Auerhahnbruch und Franzosenbruch. Die hier vorliegenden Brücher oder Hangmoore entwässern in den Morbach, der dem Ort Morbach seinen Namen gegeben hat. Im Ortelsbruch wandelt man auf Holz-

Torfmoose (Sphagnum sp.) am Rande des Ortelsbruches.

Quarzitsteinbruch Meter (Morbach-Morscheid). Intensive Faltung im Taunusquarzit.

stegen über das Moor, kann die typische Moorlandschaft mit Moor-(Sphagnum-)Bulten, aber auch entstehende Erlen-Birken-Wälder mit ihren ökologischen Auswirkungen beobachten. Dieses „Naturmuseum" stellt die Bedeutung dieser Brücher für Pflanzen und Tiere heraus.

Morbach, die „Klimaschutz-Kommune 2006", mit dem „Deutschen Solarpreis" 2007 ausgezeichnet, am Kreuzungspunkt der B 269 von Birkenfeld über Hoch- und Idarwald mit der Hunsrückhöhenstraße gelegen, ist der Ausgangspunkt für viele Wanderungen. Die Wasserburg Baldenau, Moore, Idarkopf und Erbeskopf sowie der Viadukt bei Hoxel locken neben der mit Preisen ausgezeichneten „Energielandschaft Morbach" den Besucher.

Der „versteckte" Steinbruch südlich Hoxel am Schweinegrubenberg, der **Steinbruch Meter**, lässt einen Blick in das Innere des Idarwaldes zu. Hier am NW-Rand des Idarwaldes liegt steil einfallender Taunusquarzit mit intensiver Spezialfaltung vor. Die z. T. rötlichen Quarzite und Tonschiefer zeigen in diesem ca. 100 m hohen Steinbruch partiell Kaolinisierung.

Boudinage: Verformung von Gesteinslagen bei der Faltung zu wurstförmigen Körpern

Die **Burgruine Baldenau**, die einzige ehemalige Wasserburg im Hunsrück, im Dhrontal bei Morbach-Hundheim gelegen, steht mit ihren Füßen auf Hunsrückschiefer, in den der 12 m breite Wassergraben eingetieft ist. Die Burg wurde 1320 erbaut und 1689 endgültig zerstört. Der Turm der Burg besitzt bei einer Höhe von 25 m und einer Mauerstärke von 3,5 m einen Durchmesser von 10,5 m. Der Eingang befindet sich in 12 m Höhe! Zuletzt diente die Burg als Drehort für Spielfilme („Schinderhannes", „Heimat", u. a. mit Curd Jürgens und Maria Schell).
Im tiefsten Innenbereich der Burg lässt sich eine Wechsellagerung von dunkelgrauen Tonschiefern und braune Eisenoxid-Überzüge auf Klüften aufweisenden, z. T. boudinierten Quarzitbänken beobachten. Ohne Quarziteinschaltungen wäre es schwierig, die um die Horizontale pendelnde Schichtung zu erkennen.

Rund um Birkenfeld, Nohfelden, Nonnweiler und Hermeskeil

Birkenfeld, die Kreisstadt des Landkreises Birkenfeld und ehemalige Residenz des 1817 neu geschaffenen Fürstentums Birkenfeld, 981 in die Geschichte eingetreten, besitzt mit seiner 1293 erstmals erwähnten Burg ein mittelalterliches Zentrum.

Das Museum Birkenfeld stellt in einer neu konzipierten Erlebniswelt die Lebensweise und Arbeitstechniken der Kelten heraus, u. a. mit einem rekonstruierten Pfostenhaus, einem keltischen Rennfeuerofen für die Verhüttung von Eisenerzen und einer keltischen Schmiede. Das Museum liegt am Sironaweg mit seinen keltischen und römischen Sehenswürdigkeiten.

Kontakt s. Kap. „Nützliches und Informatives"

Ein Charakteristikum des Raumes zwischen Kirn und der Grenze zum Saarland sind lokale keltische Befestigungen (oppida, castella; u. a. Otzenhausen, Wildenburg, Ringkopf bei Allenbach, Hoppstädten-Weiersbach, Ellweiler, Kirnsulzbach) und reiche Gräber der keltischen Oberschicht (z. B. Fürstengräber von Schwarzenbach westlich Birkenfeld, Siesbach, Hoppstädten-Weiersbach bei Birkenfeld) in der Nähe von Erzlagerstätten (Kupfer- und Eisenvorkommen). Die Herausbildung keltischer Handels- und Machtzentren ist nur mit dem Abbau von Bodenschätzen denkbar (5. – 1. Jahrhundert v. Chr.). Dabei waren weitreichende Handelsbeziehungen und Fernwege unabdingbar. Die archäologischen Funde belegen eine recht dichte Besiedlung des Birkenfelder Raumes durch die Kelten.

Petersquelle bei Oberhambach.

Oberhalb der B 41 an der Abzweigung nach Schmißberg ca. 2,5 km nordöstlich Birkenfeld steht ein nachgebauter gallorömischer Umgangstempel, der „Sirona-Pavillon" (mit Informationen zu gallorömischen Siedlungsspuren der Umgebung). Eine Besiedlung ist hier lückenhaft vom 6. Jahrhundert v. Chr. bis ins 2. Jahrhundert n. Chr. nachzuweisen. Eine geomagnetische Prospektion an dieser Straßenabzweigung im Jahre 1996 führte zum Auffinden u. a. des Straßenvicus nahezu parallel zur heutigen Bundesstraße (!).

In **Schwollen** gibt es trinkbares, eisenreiches Wasser aus einer gefassten Quelle unterhalb eines Hanges mit Quarziten. In diesem Ort gibt es Brunnenbetriebe mit eigenen Quellen. Sie können auf eine lange Tradition zurückblicken.

Die neu angelegte **Petersquelle** an der Straße Birkenfeld – Oberhambach – Morbach südöstlich der Abzweigung von der B 269 liegt 400 m südlich der ursprünglichen Quelle am SE-Rand des Taunusquarzits. 1964 wurde die Quelle hierher verlegt. Das eisenreiche Wasser kann getrunken werden.

Am **Bühlskopf bei Ellweiler** treten hydrothermale Uranvererzungen im Nohfeldener Rhyolithmassiv auf (Kasolit, Uranospinit, Uranophan, Zeunerit u. a.), die vor allem auf Klüften anzutreffen sind. Hier gab es kurzzeitig einen Abbau auf Uranerze.

Südlich Ellweiler (nördlich der A 62) liegt der ehemalige Tagebau Haumbach der Fa. Birkenfelder Feldspatwerke Schmeyer & Vollmer (heute DAM = Demain Anzin Mineraux; kein Einlass).

Mineralquellen

Die Mineralquellen von Oberhambach und Schwollen gehören zur großen Gruppe der Säuerlinge am SW-Rand des Rheinischen Schiefergebirges, während die Vorkommen in der Nahe-Senke vom Chemismus her Chlorid-Wässer darstellen (CARLÉ 1975). Säuerlinge sind Wässer, die einen Gehalt von mehr als 1 000 mg freie Kohlensäure (Kohlendioxid) pro kg Wasser besitzen. Die Petersquelle im Hambachtal oberhalb Oberhambach am SE-Rand des Quarzitzuges des Schwarzwälder Hochwaldes war Ende des 16. Jahrhunderts eine der bekanntesten Heilquellen Deutschlands. Nach dem Niedergang im 30-jährigen Krieg folgte eine zweite Blüte bis zur Napoleonischen Zeit unter Markgraf Karl Friedrich von Baden (1738 – 1803), der hier für seine „Kurgäste“ mit Dienerschaft ein Kurhaus errichtete.

Die öffentlich zugänglichen eisen- und kohlendioxidreichen Sauerbrunnen von Oberhambach (Petersquelle) und Schwollen, aber auch die Quellen des „Hochwald-Sprudels“ in Schwollen, liegen nördlich des variszischen Hunsrücksüdrandes. Nach CARLÉ (1975) ist die Petersquelle ein eisenhaltiger Säuerling, der Hochwald-Sprudel ein Natrium-Calcium-Magnesium-Hydrogenkarbonat-Säuerling.

Dagegen weist die Quelle in Kirnsulzbach im Rotliegenden sehr viel Natrium und Chlorid auf. Nach SCHWILLE (1955) muss diese Quelle sogar schon den Römern bekannt gewesen sein. Der Ortsname „Sulzbach“ zeigt die Beziehung zu „Salz“, was auf eine alte Nutzung hindeutet. Typologisch ist dieses Wasser nach SCHWILLE ein Kalisalzwasser mit geringem Calciumhydrogenkarbonatanteil, nach CARLÉ ein Natrium-Chlorid-Hydrogenkarbonat-Mineralwasser. Es führt auch Bromid und Methan. Letzteres ist ein Gas, das aus Oberkarbon- und Rotliegend-Kohlenflözen, aber auch, wie die Kontinentale Tiefbohrung in der Oberpfalz gezeigt hat, aus größerer Tiefe stammen kann. Methan tritt auch im aus großen Tiefen aufsteigenden Thermalwasser von Bad Münster am Stein auf. Problematisch ist die Herkunft der Wässer, wahrscheinlich eine Mischung von Wässern aus verschiedenen Richtungen.

Die Gesteine, die in diesem tiefen Tagebau unter der Bezeichnung „Birkenfelder Feldspat“ ausgebeutet wurden, können in Haumbach exemplarisch an der Abzweigung der Straße nach Ellweiler von der B 41 beim Landgasthaus Carstensen „Alte Achsenschleife“ beobachtet werden. Hier findet man mürben, stark verwitterten, gelblichweißen Rhyolith des Nohfeldener Rhyolithmassivs, der auf Klüften Eisen- und Manganoxide aufweist. Im Gegensatz dazu steht kaum verwitterter Rhyolith unter der Autobahn kurz nach dem Landgasthaus an. Dort zeigt der durch Hämatit rötlich gefärbte, feste Rhyolith nur an einer Stelle an einer Störung weißliche Verwitterung.

In Richtung Nohfelden öffnet sich 500 m südlich der Autobahnbrücke das Nahetal. Nach weiteren 500 m befindet sich auf der N-Seite der Straße ein etwas abgelegener Wanderparkplatz, von dem ein Weg zum **Elsenfels**, einem Aussichtspunkt mit Blick Richtung Nohfelden, abzweigt. Der Fels besteht ebenfalls aus Rhyolith des Nohfeldener Rhyoliths und weist einen keltischen Ringwall auf.

Das Nohfeldener Rhyolithmassiv kann nach ARIKAS (1986) in drei Gesteinstypen unterteilt werden. Die Vorkommen südwestlich Türkismühle/Walhausen (Rhyolith A) bestehen aus mehreren pilzartigen Intrusionen, möglicherweise entlang eines „varistisch orientierten tektonischen Lineaments“. Dieses Lineament begegnet uns ebenfalls in Idar-Oberstein bei der Herleitung des Förderkanals der Laven. Die hier besonders interessierende Rhyolith-Intrusion zwischen Türkismühle und Ellweiler (Rhyolith B) bildet einen eigenen, annähernd runden, diapirähnlichen Körper, während die dritte Ausbildung um den Leißberg (Rhyolith C) aus Lavaströmen und Auswurfsmassen besteht. Die meist dichten Gesteine bauen sich vor allem aus Quarz und Feldspat (Kalifeldspat, Plagioklas) in der Grundmasse auf mit wenigen kleinen Einsprenglingen (u. a. Biotit). Ein Fließgefüge wird durch die leistenförmigen Kristalle meist angezeigt. Charakteristisch für den Nohfeldener Rhyolith i. e. S. (Typ B) sind annähernd runde Formen von Quarz-Feldspat-„Feldern“ (Aggregate, „Globulite“; ARIKAS 1986) unter dem Mikroskop. Postmagmatisch sind die Feldspäte zu Serizit und Kaolinit umgewandelt worden. Dabei wurde Eisen mobilisiert und verlagert, der Rhyolith dadurch gebleicht.

Die **Burg Nohfelden**, ein kulturhistorisches Denkmal mit einem 20 m hohen Bergfried, ist 1285 auf einem Rhyolith-Felsen an der Mündung des Freisbaches in die Nahe erbaut worden. Der

Stark verwitterter Rhyolith („Birkenfelder Feldspat") der Grube Kapp NW Nohfelden mit Eisenanreicherung an Störungen.

hier nur geringfügig verwitterte Rhyolith bildet ein solides Fundament für die mittelalterliche Befestigung, von dessen Bergfried ein weiter Ausblick möglich ist. Von Nohfelden führen Wanderwege zum Bostalsee und zur Nahequelle am Eckersberg westlich Selbach.

Nördlich der Straße (L 135) zwischen Nohfelden und Türkismühle liegt die **Grube Kapp** der SIBELCO Deutschland (früher Villeroy & Boch), in der heute noch Material unter der Bezeichnung „Birkenfelder Feldspat" abgebaut wird. An einigen Stellen in der Grube kann man noch nachvollziehen, dass die Kaolinisierung des Nohfeldener Rhyoliths entlang von Störungen stattgefunden hat. Der frühere Abbau ging nur auf das beste, weiße Material entlang von schmalen, gangförmigen Zonen, die Störungen folgen, um. Dies kann man ebenfalls im Kartenbild der TK 25 erkennen, in dem die schon früh stillgelegte Grube nördlich des Haumbachkopfes (östlich der Grube Haumbach) nur einen schmalen Streifen darstellt.

Die in der Grube Kapp heute einmessbaren Störungen streichen ca. 50 – 60°. Der Eisengehalt ist durch die Abfuhr von Eisen im Zuge der Verwitterung von 3 – 4 Gew.-% FeO + Fe_2O_3 auf unter 1 Gew.-%, stellenweise sogar auf unter 0,2 Gew.-% gesunken. Die Feldspat-Einsprenglinge sind vollständig umgewandelt. Dies ist bei Biotit nicht immer der Fall. Der Birkenfelder Feldspat wird in der keramischen Industrie als eine Hauptkomponente eingesetzt. Die Verwendbarkeit des Gesteins hängt vom Ausmaß der Serizitisierung und Kaolinisierung der Feldspäte sowie der Abfuhr des Eisens ab.

Reminiszenzen an die ehemalige Grube Korb bei Eisen/Saarland.

Der Andesit südlich **Waldbach** an der Straße Türkismühle – Sötern – Schwarzenbach (L 330) südöstlich der Abzweigung nach Waldbach/Eisen bildet einen schmalen Rücken nach SW. Dieser massige, dichte bis körnige (porphyrische) Vulkanit mit kleinen Drusen (bis 2 cm Durchmesser) lässt lokal auch eine beginnende Wollsackverwitterung beobachten. An einigen Stellen ist das Einfallen der Lavadecke mit 10 – 15° in Richtung SE zu erkennen. Dadurch lässt sich relativ einfach feststellen, dass dieser Vulkanit auf dem NW-Flügel der Prims-Mulde aushebt. Die Feldspat-Einsprenglinge zeigen durch ihre Weißfärbung eine Kaolinisierung an.

porphyrisches Gefüge: größere Einsprenglinge in dichter oder feinkörniger Grundmasse

Von der ehemals auf Schwerspat abbauenden, geologisch bedeutenden **Grube Korb** 3 km nördlich des Ortes Eisen besteht heute nur noch ein „renaturiertes Loch". Die Gesteine der Grube Korb (Oberes Mitteldevon bis unterstes Unterkarbon) umfassen im Mitteldevon und Adorf Riffschuttkalke, deren Bildungsraum an den Übergang zum Kontinentalhang zu positionieren sein dürfte. Im Profil Weißfels – Grube Korb schalten sich in die Tonschiefer-Serie nördlich der Grube sogar Karbonate des Oberems, eventuell auch noch des Unterems ein. Nördlich des Grubenge-

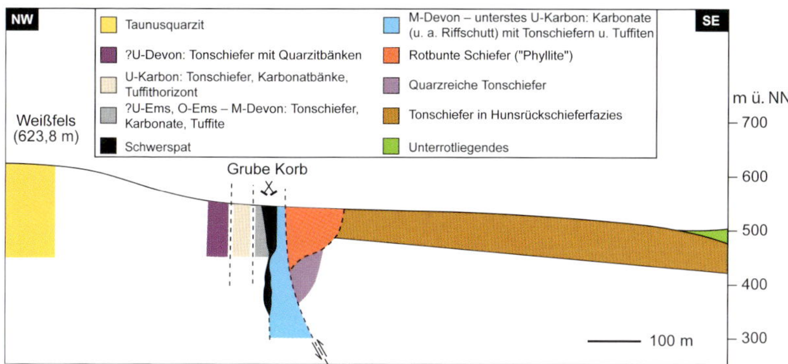

Querprofil vom Weißfels nach SE über die Grube Korb bei Eisen bis zur Überlagerung der variszischen Serien durch Unterrotliegendes. Nach MÜLLER (1982); mit frdl. Genehmigung durch Herrn Dr. Müller.

Taunusquarzit-Aufschluss am Weg zum Ringwall von Otzenhausen.

ländes beginnt der Anstieg zum Weißfels (623,8 m ü. NN), der Taunusquarzit-Aufschlüsse aufweist. Der nach SE überkippte Taunusquarzit der Dollberge ist vom Weißfels-Zug durch die dazwischenliegende Hunsrückschiefer-Mulde (Bleidenbach-Mulde) zu trennen. Der Weißfels-Taunusquarzit gehört zum Sattel von Abentheuer und grenzt im SE an eine jüngere Abfolge, möglicherweise ohne Störung. Diese Tonschiefer-Serie kann mittels Fossilien (Conodonten) teilweise in das Oberems bis höhere Unterkarbon (Tournai 2 – Visé 3) eingestuft werden. Aufschiebungen lassen sich nach MÜLLER (1982) in der Tonschiefer-Serie beobachten sowie an den Grenzen zu den Gesteinen (Schwerspat und Karbonate) der Grube Korb. In diesem Bereich ist der tektonische Stil durch Verschuppung geprägt.

Der keltische Ringwall „Hunnenring“ bei **Otzenhausen** auf dem hier 621,0 m hohen Gipfel am SW-Ende des langgestreckten, maximal 707,4 m ü. NN sich erhebenden Dollberg-Rückens aus Taunusquarzit stellt neben dem Titelberg (Luxemburg) und dem Martberg (an der Mosel südwestlich Koblenz) eine Großbefestigung der Treverer dar (Oppidum, 18,5 ha), die gemeinsam ungefähr die Ausdehnung ihres Stammesgebiets anzeigen. Die Lage dieser Festung war hervorragend gewählt, da man von hier aus einen weiten Blick nach W, S und E auf die niedriger gelegenen, vor allem aus Rotliegend-Gesteinen bestehenden Vorberge hat. Die Steine des in „murus gallicus“-Bauweise errichteten Ringwalls (1,5 km Länge) mussten von einem Blockmeer aus über 1 km Entfernung herantransportiert werden.

Reste eines Verhüttungsofens auf der keltischen Befestigung zeigen die Bedeutung des Eisens für die damalige Zeit. Das Eisenerz („Lebacher Eier" = Eisenspat, Eisenkarbonat) in den Lebach-Schichten des Unterrotliegenden konnte in nächster Nähe an der **Kloppbruchswiese** gewonnen werden. Diese Rotliegend-Sedimente wurden in einem präpermischen Tal (heute in ca. 480 m ü. NN) in einer NNW – SSE-Einsattelung zwischen dem Hunnenring und dem Kahlenberg (564,3 m ü. NN) abgelagert. Das Vorkommen von Eisenerz im Raum Nonnweiler hat die bergwerkskundigen Kelten spätestens 500 v. Chr. angezogen. Den Zusammenhang zwischen Erzvorkommen und Elitenbildung zeigen mit ihrer überregionalen Bedeutung der keltische Ringwall und die beiden Fürstengräber von Schwarzenbach (u. a. Goldschale aus dem 5./4. Jahrhundert v. Chr.).

In den Lebach-Schichten treten die „Lebacher Knollen", auch „Lebacher Eier" oder „Lebacher Nieren" genannten, bis mehrere Dezimeter Durchmesser aufweisenden Toneisenstein-Konkretionen (flachlinsenförmige Knollen) mit einem Eisengehalt von bis zu ca. 25 % auf. Ein organischer Rest im noch nicht verfestigten Sediment veränderte bei seiner Zersetzung den pH-Wert des Porenraums zur alkalischen Seite und bewirkte infolgedessen die Ausfällung der Karbonate. Dadurch konnte sich frühdiagenetisch vor allem Eisenkarbonat (Siderit, bis 62 %) anreichern, begleitet von Magnesium-, Calcium- und Mangankarbonat. Auf Rissen in der bereits verfestigten Knolle sind u. a. Metallsulfide ausgefällt worden. Dieser Tonsteinhorizont hatte eine besondere wirtschaftliche Bedeutung für die Versorgung der Eisenhütten. Der Schwerpunkt des Abbaus lag bei Lebach/Saarland, aber auch bei Berschweiler (bei Kirn) und Achtelbach (südwestlich Birkenfeld). Die Erze wurden meist im Tagebau gewonnen (Braunshausen, Achtelbach, Nonnweiler/Otzenhausen). Der Fossilinhalt ist für die Paläontologie von unschätzbarem Wert (Stegocephalen, Fische, Insekten, Crustaceen, Pflanzenreste).

Diagenese: Verfestigung von Lockersedimenten

Stegocephalen: Panzerlurche, eine Gruppe der Amphibien

Crustaceen: Krebstiere

Nonnweiler ist der ideale Anlaufpunkt für die Primstalsperre. Ihr Einzugsgebiet beträgt 40,8 km^2 bei einer Seefläche von 96,4 ha und einer maximalen Tiefe von 56,5 m. Dort erwarten den Besucher Aufschlüsse in Bunten Schiefern und den Hermeskeil-Schichten. Auf der Straße zur Staumauer kommt man an einem alten Taunusquarzit-Steinbruch vorbei (Einfallen der Schichtung nach NW). Auf der NW-Seite der Staumauer ste-

Blick vom Ringwall von Otzenhausen zur Primstalsperre im W.

hen weiße, gelbliche und rötliche Quarzite (Schrägschichtung z. T. deutlich) und verschiedenfarbige Ton- bis Siltschiefer der Hermeskeil-Schichten an (ebenfalls Einfallen nach NW). Da Taunusquarzit und Hermeskeil-Schichten nach NW einfallen, ersterer also unter die älteren Hermeskeil-Schichten einfällt, liegt hier überkippte Lagerung auf dem SE-Flügel des Züscher Sattels vor.

Nach dem Ort **Züsch** sind der Züscher Sattel, aber auch die Züscher Schiefer (= Bunte Schiefer) des Obergedinne, die ältesten Sedimentgesteine des Hunsrücks, benannt. Im Ort findet man Aufschlüsse der hämatitreichen, roten Tonschiefer, die als feinkörnige, vom Old Red-Kontinent weit entfernt abgelagerte (distale) Sedimente angesehen werden dürfen. Diese weichen Schiefer ergeben wenige Klippen. Nur die in dieser Rotserie auftretenden Quarzite und Silte neigen zu Felsbildungen.

Oberhalb Züsch östlich der Abzweigung zum Ort von der L 165 Hüttgeswasen – Börfink – Hermeskeil kann der Übergang der Bunten Schiefer (rötliche Tonschiefer) nach W zu den Sandsteinen der Hermeskeil-Schichten, möglicherweise auch zu Quarziten des Taunusquarzits (bei 70 – 85° NW-Fallen) beobachtet werden. Dieser Bereich liegt im südöstlichen Muldenflügel der Hermeskeil-Kempfelder Mulde, die hier Taunusquarzit im Muldenkern (!) aufweist. Die Achse der Kempfelder Mulde im NE mit Hunsrückschiefer im Muldenkern hebt nach SW aus. Es folgen im SW in der dort Hermeskeil-Mulde genannten Struktur zuerst Taunusquarzit und schließlich Hermeskeil-Schichten bei Hermeskeil und Gusenburg.

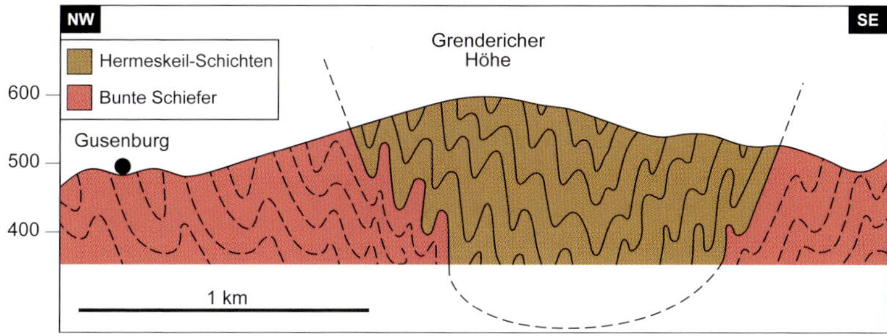

Querprofil durch die Hermeskeil-Kempfelder Mulde südöstlich Gusenberg (2,5-fach überhöht). Diese tektonische Struktur, eine geologische Mulde, weist in der Morphologie die höchsten Erhebungen an der Grendenicher Höhe auf (Reliefumkehr). Deren Entstehung ist an die härteren Gesteine der Hermeskeil-Schichten (Arkosen, Sandsteine, Quarzite, Tonschiefer) gebunden. Diese sind gegenüber der Verwitterung resistenter als die älteren Bunten Schiefer (vorwiegend rote Tonschiefer).

Den historischen **Züscher Hammer** am Altbach erreicht man in ca. 1 km Entfernung von Züsch von der Straße Otzenhausen – Züsch. Die von de Hauzeur 1694 errichtete Eisenschmelze hatte eine Vorgängerin am Fraubach, die bereits 1618 erwähnt wurde. Der aus Belgien stammende de Hauzeur brachte Arbeiter mit ihren Familien (ungefähr 1 000 Personen) in den Hunsrück und belebte durch seine Aktivität bis zu seinem Tod 1745 die Eisenverarbeitung von hier ausgehend im ganzen Hunsrück. Danach ging der Betrieb mit Unterbrechungen bis 1841 weiter. Der Züscher Hammer war anfangs des 18. Jahrhunderts das größte Eisenwerk des Hunsrücks. Er umfasste ein Pochwerk, eine Schmelze (Holzkohlenhochofen) sowie eine Holzkohlenscheuer und war ein „integriertes vorindustrielles Eisenhüttenwerk". Für die Verarbeitung der Erze, die vor allem aus dem Unterrotliegenden (Lebacher Eier) nördlich Otzenhausen aus dem Bereich der heutigen Kloppbruchswiese stammten, brauchte man Wasser für den Antrieb des Hammers und Holz bzw. Holzkohle für die Verhüttung. Seit 2001 bietet das rekonstruierte Industriedenkmal bei den Vorführungen des neu installierten Hammers die Möglichkeit, die historische Arbeitsweise des Züscher Hammers kennenzulernen. Hier wird wieder gehämmert und geschmiedet!

Unterhalb des Parkplatzes gibt es einen Aufschluss mit grauen, grünlichen und roten Ton-/Siltschiefern und Quarzitschiefern der Bunten Schiefer. Auch hier liegen überkippte

Intensiv gefaltete Hermeskeil-Schichten im Lösterbachtal S Hermeskeil.

Schichten vor wie an der Staumauer der Primstalsperre. Am Weg unterhalb des Züscher Hammers befinden sich Quarzite in der Fazies der Hermeskeil-Schichten.

Hermeskeil, ein Mittelzentrum im südwestlichen Hunsrück, liegt als Altstraßen-Knotenpunkt nordwestlich der Pässe am Übergang des Schwarzwälder Hochwaldes zur Hunsrückhochfläche nahe der Wasserscheide zwischen Dhron und Prims. Der Ort befindet sich größtenteils im Bereich der Bunten Schiefer nahe deren südlicher Schichtgrenze zu den (jüngeren) Hermeskeil-Schichten, die eine große Mulde mit Reliefumkehr bilden. Beide Einheiten sind südlich des Ortes im Lösterbachtal am Weg östlich des Tales erschlossen. Die roten Tonschiefer stehen für die Bunten Schiefer. Die Hermeskeil-Schichten mit Spezialfaltung weisen hier Arkosen, bis 1 m mächtige Quarzite und hell- bis blaugraue Tonschiefer auf. Eine weitere Besonderheit im Steinerwald ist ein NE – SW-streichender Pingenzug, der in früherer Zeit auf Eisenerz ausgebeutet wurde.

Im Hochwaldmuseum Hermeskeil wird besonderer Wert auf die Eisenindustrie des Hochwaldes gelegt, die im 18./19. Jahrhundert wirtschaftlich für die Bevölkerung als einzige Verdienstmöglichkeit neben der Landwirtschaft bedeutend war (u. a. Auflistung aller Hüttenwerke im Hochwald).

Südöstlich **Gusenburg** finden sich in der Nähe einer Grillhütte noch knapp innerhalb des Waldes in alten Militärstellungen Arkosen der Hermeskeil-Schichten, bei der Hütte selbst rötliche, serizitreiche Ton- und Siltschiefer der Bunten Schiefer. An der Waldgrenze liegt annähernd die Grenze zwischen beiden Schichten. Die Hermeskeil-Schichten bauen dabei wie südöstlich Hermeskeil als jüngeres Schichtglied den Gipfelbereich einer (tektonischen) Mulde mit Reliefumkehr auf. Die Muldenachse hebt dabei nach SW aus.

Fossilien, Schmuck und Edelsteine – Zwei weltbekannte Orte im Hunsrück

Idar-Oberstein, die Stadt der Edelsteine

Idar-Oberstein mit seiner bereits vor über 500 Jahren urkundlich erwähnten Edelstein- und Schmuckindustrie besitzt aufgrund der traditionellen Verknüpfung von Produktion, Handel, Ausbildung und Lehre, Dienstleistung und Forschung ein Leistungspotenzial auf engstem Raum, das in Deutschland bzw. Europa seinesgleichen sucht und rund um den Globus bekannt ist. Wo sonst sind 400 Betriebe einer Branche, hier der Edelsteinbranche, am Ort mit Lehr- und Forschungseinrichtungen bis hin zur Fachhochschule für Edelstein- und Schmuckdesign so gut vernetzt? Hinzu kommen noch die weltweit einzige kombinierte Diamant- und Edelsteinbörse sowie die INTERGEM, die internationale Fachmesse für Edelsteine und Schmuck. Aus der Edelsteinindustrie entwickelte sich eine Metall und Kunststoff verarbeitende Industrie. Das Forschungsinstitut für mineralische und metallische Werkstoffe -Edelsteine/Edelmetalle- GmbH (FEE) zählt mit seinen Laserkristallen und nicht-linear optischen Kristallen zu den weltweit führenden Anbietern.

Das Museum Idar-Oberstein unterhalb der Felsenkirche.

Idar-Oberstein, eingebettet in eine Waldlandschaft, mit einer extremen Topographie ausgestattet, entstand 1933 aus den beiden Städten Idar und Oberstein sowie 1969 durch Eingliederung von Umlandgemeinden. Heute zählt es 13 Stadtteile. Der Ort Oberstein muss bereits vor 1075 bestanden haben, da in diesem Jahr erstmalig die „Burg im Loch"

Achat aus dem Raum Idar-Oberstein (8,5 x 7,5 cm), Museum Idar-Oberstein. Foto: Rudolf Dröschel, Idar-Oberstein.

genannt wird, die Stammburg der Herren von Stein, die an der Stelle der 1482 erbauten Felsenkirche stand (HÄUSER 2009). Heute ist die Felsenkirche das Wahrzeichen Idar-Obersteins. Um 1150 ist die Burg Bosselstein oberhalb der Felsenkirche sowie vor 1330 die Burg Oberstein (= Schloss Oberstein) erbaut worden. Beide Burgen liegen über 100 m über der Nahe, die im Ortsbereich Oberstein 4-spurig überbaut wurde, um den Verkehr einigermaßen zu kanalisieren.

Allein Idar-Oberstein ist eine Reise wert. Flaniert man durch die beiden Stadtteile Idar und Oberstein, kann man in den Auslagen der über 100 Edelstein- und Schmuckläden Interessantes, Wertvolles und Einzigartiges entdecken: Achate, Jaspis, Karneol und Chalcedon aus der Region sowie alle Arten von Edelsteinen aus aller Herren Länder. Um alles zu erfassen, benötigt man mindestens einen Tag. Danach kann man die beiden international bedeutenden Museen, das Jakob Bengel-Museum, ein Industriedenkmal aus der Zeit des Bauhauses (1920er Jahre) und die Weiherschleife als einzige noch intakte Wasserschleife an der Idar besuchen sowie das ehemalige Edelsteinbergwerk Steinkaulenberg unter Tage begehen.

Doch nicht nur diese touristischen Attraktionen, wozu auch die Felsenkirche und die beiden Burgen gehören, bieten sich dem Besucher, sondern auch Wanderwege rund um Idar-Oberstein (z. B. der Schleiferweg um Idar), die einen Einblick in die geologische Situation der Vulkangesteine und die Entwicklung der Stadt zur weltbekannten Edelsteinmetropole vermitteln. Der stärker geologisch oder/und mineralogisch interessierte Amateur, aber auch der Versierte, findet hier immer etwas Interessantes, das er bei seinem letzten Besuch nicht gesehen hat. Er kann sich in der Edelsteinstadt auf verschiedene Weise auch fortbilden. Viele Schleifereien, Rohstein- und Edelsteinhändler sind für einen Besuch offen, jedoch sollte bei den Firmen bzw. Institutionen vorher ein Besuchstermin vereinbart werden. Idar-Oberstein ist durch seine Kunsthandwerker auch führend im künstlerischen Bereich, bei der Herstellung von Schalen, Gravuren und kunstgewerblichen Objekten.

Pokal aus braunem Natur-Achat (um 1880). Deutsches Edelsteinmuseum, Idar-Oberstein, aus dem Besitz der Familie Purper. Foto: Jürgen Karpinski, Dresden.

Besuchenswerte Museen und Einrichtungen

Museum Idar-Oberstein: Der besondere Schwerpunkt des Museums unterhalb der Felsenkirche liegt in den Arbeiten, durch die Idar-Oberstein weltberühmt geworden ist. Die wertvollen Schmuck- und Gestaltungsobjekte verzaubern jeden Besucher. Von der weltweit kleinsten Kamee bis zum tonnenschweren Kristall ist die Einzigartigkeit der Edelsteine ein Blickfang für jeden. Die Idar-Obersteiner Edelsteinschleifer, -graveure und -gestalter haben einmalige Objekte geschaffen, wie z. B. die Nachbildung der englischen Königskrone. Wie können z. B. hauchdünne Schalen aus Achat in dieser Größe hergestellt werden? Daneben sind Mineralien aus aller Welt, Fossilien aus dem ca. 400 Mio. Jahre alten Hunsrückschiefer, u. a. mit einem sehr großen Exemplar des devonischen Panzerfisches *Drepanaspis gemündensis* aus der Kaisergrube in Gemünden, und ein „Fluoreszenz-Kabinett“ Höhepunkte, die man nicht so schnell vergisst. Überraschend ist für viele Besucher, dass Mineralien unter UV-Licht ganz verschiedene Farben annehmen können. Ein Wasserrad neben dem Eingang kann im Inneren des Museums eine typische Achatschleife des 19. Jahrhunderts antreiben.

Kamee (Gemme): Edelstein mit herausgearbeiteter (erhabener) figürlicher Darstellung

Kontakt zu den Museen und Einrichtungen s. Kap. „Nützliches und Informatives“

Deutsches Edelsteinmuseum: Der Besucher erlebt die Welt der Edelsteine vom Rohstein bis zum geschliffenen Edelstein. Die Vielfalt der Farben und Formen der über 10 000 Exponate in dem 1859 gegründeten Museum ist beinahe eine lückenlose, aber auch eine wirklich faszinierende Ausstellung von A wie Achat über D wie Diamant bis Z wie Zirkon. Ebenfalls wird ein Überblick über synthetische Steine und deren Verwendung gegeben. Das Erlebnis wird durch natürliche Ausgangsgesteine, Mineralstufen und Kristalle sowie auch durch gestaltete Objekte wie Gemmen, Edelstein- und Goldschmiedearbeiten erweitert.

Um diese beiden Museen gruppieren sich die verschiedensten Edelstein- und Rohsteingeschäfte und -händler, sodass jeder Besucher, der Roh- und Edelsteine oder Schmuck sucht, fündig werden kann.

Historische Weiherschleife: Die 1754 erbaute Historische Weiherschleife im Stadtteil Idar ist die letzte mit Wasser betriebene Edelsteinschleife am Idarbach. Sie bietet heute dem Besucher in zusätzlichen Gebäuden eine Einführung in die Edelsteinwelt in einem Audioraum, eine Filmvorführung über die Welt der Idar-Obersteiner Achate und eine Schleifvorführung, die die alte Bearbeitung der Achate mit ihren Schwierigkeiten, aber auch den Möglichkeiten, aufzeigt. Die Besichtigung ist sowohl für Erwachsene als auch für Kinder lehrreich, da sie sowohl in die Welt der Gesteine und Mineralien einführt, als auch die Arbeitsbedingungen der Edelsteinschleifer bis in das 20. Jahrhundert getreu wiedergibt.

Edelsteinmine Steinkaulenberg: Dieser einmalige Untertageabbau auf Achat am Stadtrand von Idar-Oberstein wird weiter unten im Abschnitt „Streifzüge in und um Idar-Oberstein" auf S. 108 vorgestellt.

Industriedenkmal Jakob Bengel: Das „Museum" stellt als stillgelegte Fabrik ein einmaliges Zeugnis einer ehemaligen Industriekultur dar, die im 19. Jahrhundert begann und sich in der Zeit des Art Deco-Stils der 20er/30er Jahre des 20. Jahrhunderts mit seiner Ketten- und Bijouterieproduktion über die Grenzen Deutschlands hinaus einen Namen machte (u. a. Chanel/Paris, Harrods). Der Modeschmuck für die „Frau von Welt" wird auch heute wieder exklusiv in Zusammenarbeit mit der Fachhochschule für Edelstein- und Schmuckdesign hergestellt. Ebenfalls mit dem Anfang des 20. Jahrhunderts patentierten Kunststoff Galalith konnte man in der Folgezeit durch Kreativität und Feingespür selbst auf den internationalen Messen und Märkten Erfolge erzielen.

Mit diesem Industriedenkmal ist ein letzter Zeitzeuge aus einer Zeit erhalten, die die Kreation dekorativer künstlerischer Entwürfe mit ganz verschiedenen Materialien zum Ziel hatte. So findet man hier eine Einführung in diese Stilrichtung, die geometrische Strukturen mit floralen Elementen mischte. Neben der technischen Ausstattung einer Fabrik aus den Anfängen des 20. Jahrhunderts kann der Besucher einen Überblick über die Entwicklung vom Art Deco-Schmuck bis zu heutigen Schmuck-Stilrichtungen gewinnen.

Heute arbeiten Schmuckkünstler aus aller Welt als Stipendiaten der Jakob-Bengel-Stiftung in der Fabrik. Sie erarbeiten und produzieren mit modernen Methoden und den dortigen technischen Einrichtungen zeitgenössische Formen, die Impulse für die Weiterentwicklung der Schmuckindustrie geben können. Dadurch ist dieses „Museum" ein lebendiger Ort in seiner Bedeutung als überregionales Innovationszentrum, das man nicht auf den ersten Blick als solches erkennt.

Edelstein-Erlebniswelt: Hier kann der Besucher in die vielfältige Welt der funkelnden Edelsteine eintauchen. Deren Wunderwelt mit Facetten und Schliffen wird ergänzt durch Kristalle, Kristallstufen und Mineralien. Kinder können sich an einer Schürfstelle auf die Suche nach Edelsteinen machen. Für Erwachsene (aber auch für Kinder) gibt es Gelegenheit zum Direkteinkauf. Hier sind über 40 Schmuckhersteller und Firmen aus der Region Idar-Oberstein vertreten. Ein in der Ausstellung vor allem auf die Familie der Quarze ausgerichteter Rundgang führt zu einer größeren Verkaufsausstellung.

Besucht man die INTERGEM, seit 1985 die jährliche Internationale Messe für Edelsteine (nur für das Fachpublikum), so taucht man ein in die wundervolle und bezaubernde Welt der Edelsteine. Man steht staunend vor den Auslagen von seltenen und seltensten Kostbarkeiten, vielleicht auch vor Neufunden, die erst Tage oder Wochen zuvor irgendwo auf der Welt entdeckt worden sind. Meist werden auch die Neufunde bereits geschliffen angeboten. Auf dieser Messe bräuchte man ständig ein aktualisiertes Edelstein-Lexikon, um die Neufunde mit ihren mineralogischen und chemischen Kennwerten gleich einordnen zu können. Ebenso interessant sind die GEMTEC, die internationale Fachmesse für Schmuck- und Edelsteintechnik, und die Mineralienmesse als Publikumsmesse.

Edelsteine, Schmuck und Grundlagenforschung

Von den Edelsteinschleifereien soll die älteste deutsche Diamantschleiferei Ph. Hahn Söhne erwähnt werden, die 1846 gegründet wurde. Seit 1720 und damit länger als diese Firma besteht die Fa. Hans D. Krieger, die aber anfangs nur Edelsteine und erst seit 1896 auch Diamanten bearbeitet. Einer der größten Diamantschmuckhersteller Europas ist die Fa. Herbert Giloy & Söhne, die wie andere Firmen eine breite Produktpalette anbietet.

Kontakt zu den Institutionen s. Kap. „Nützliches und Informatives"

Forschungsinstitut für mineralische und metallische Werkstoffe -Edelsteine/Edelmetalle- GmbH (FEE): Das Hauptaufgabengebiet des vor allem Fachleuten bekannten Forschungsinstituts liegt in der Züchtung künstlicher Kristalle, u. a. zur Anwendung in der Lasertechnologie. Zur Herstellung der Festkörper-Laser sind Rohstoffe mit einem Reinheitsgrad

Brillant (10 Karat) auf der Schleifscheibe (Fa. Ph. Hahn Söhne). Foto: Rudolf Dröschel, Idar-Oberstein.

von 99,99–99,999 % erforderlich. Die mit dem Czochralski-Verfahren gezüchteten Kristalle werden z. B. bei Yttrium-Aluminium-Granat-Lasern eingesetzt. Laser sind heute u. a. in der Weltraumtechnik unverzichtbar.

Deutsche Diamant- und Edelsteinlaboratorien (DEL): In der DEL kooperieren Institutionen mit unterschiedlichen Aufgaben:

- Deutsche Stiftung Edelsteinforschung (DSEF): Edelsteinbestimmung, Echtheitsprüfung, Bestimmung von Herkunft und Eigenschaftsveränderungen
- Diamant Prüflabor GmbH (DPL): Expertisen zur Qualität loser, geschliffener und natürlicher Diamanten von mehr als 0,23 Karat, Graduierung nach den Regeln des International Diamond Council - IDC, ohne Wertermittlung
- Deutsche Gesellschaft für Edelsteinbewertung (DeGEB): Bewertung von Diamanten, Farbedelsteinen, Perlen, Schmuck und Juwelen nach objektiven, sach- und marktgerechten Kriterien, Beraterkreis von über 100 fachkundigen Persönlichkeiten der Idar-Obersteiner Edelstein- und Schmuckindustrie
- Abteilung Edelsteinforschung, Fachbereich Geowissenschaften der Johannes Gutenberg-Universität Mainz: Grundlagenforschung
- Deutsche Gemmologische Gesellschaft e. V. (DGemG): Fachliche Aus- und Weiterbildung in Edelsteinkunde, Diamantenkunde und Perlenkunde

Edelsteine werden in Karat gehandelt: 1 Karat = 0,2 g

Brillanten aus der Sammlung des Deutschen Edelsteinmuseums Idar-Oberstein. Foto: Rudolf Dröschel, Idar-Oberstein.

Deutsche Gemmologische Gesellschaft / Deutsche Gesellschaft für Edelsteinkunde (auch: Deutsches Gemmologisches Ausbildungszentrum / Deutsches Berufsfortbildungswerk für Edelsteinkunde): Wer zu Edelsteinen Fragen hat, Edelsteine bestimmen oder auf Echtheit prüfen lassen oder sich in Edelsteinkunde weiterbilden möchte (Edelsteinkunde, Diamantengraduierung, Edelsteinwirtschaftskunde), kann die Dienste der international tätigen und renommierten Deutschen Gemmologischen Gesellschaft in Anspruch nehmen. Die praxisorientierten Seminare stehen auch Einsteigern und Nichtmitgliedern offen. Als Mitglied erhält man u. a. die Zeitschrift „Gemmologie“ und wird zu den jährlichen Symposien eingeladen.

Graduierung: Bestimmung der Qualität von Edelsteinen

Für Experten wie für Amateure ist die Qualitätsbestimmung der Edelsteine einschließlich der Diamanten besonders wichtig, da die Qualität für die Preisgestaltung entscheidend ist. Daher müssen gerade in diesem Bereich die Kenntnisse der Käufer und Verkäufer besonders geschult sein. Wichtig ist auch die Unterscheidung zwischen natürlichen und synthetischen Edelsteinen, da Imitationen einer ganz anderen Preisgestaltung unterliegen. Seminare werden auch in Zusammenarbeit mit der Tourist-Information der Stadt Idar-Oberstein angeboten.

Fachhochschule Trier, Standort Idar-Oberstein, Fachrichtung Edelstein- und Schmuckdesign: Das Studium an der Fachhochschule soll mit der Theorie der Edelsteingestaltung und innovativen Impulsen zur künstlerischen Entwicklung des späteren Edelstein- und Schmuckdesigners beitragen.

Aus der Edelsteinsparte ist eine auch für den Autobau wichtige innovative technische Industrie aus und in Idar-Oberstein entstanden. Um die Produktion der Edelsteine preiswerter zu gestalten, wurden zuerst Diamant-, später auch Bornitrid-Werkzeuge entwickelt. Begonnen hat dies u. a. die Fa. G. Effgen nach dem Zweiten Weltkrieg (damals Idar-Oberstein, heute Herrstein). Heute besteht von der Industrie die Forderung, immer härtere Stoffe rationell mit Präzision bearbeiten zu können. Dies ist nicht mehr nur für Edelsteine, sondern auch für Glas, Keramik, Stein und Metalle (u. a. Stahl) der Fall. Dazu wird eine ganze Reihe von Produkten, z. B. mit speziell für die technische Verwendung behandelten Diamanten, gezielt eingesetzt, um technologisch den höchsten Nutzen für den Verbraucher zu erzielen.

Edelsteinbrunnen in Idar in der Nähe des Deutschen Edelsteinmuseums.

Streifzüge in und um Idar-Oberstein

Edelsteinmine Steinkaulenberg: Das Wandergebiet Steinkaulenberg am Stadtrand von Idar-Oberstein nördlich des Stadtteils Algenroth beherbergt ein in Europa einmaliges Besucherbergwerk, die Edelsteinmine Steinkaulenberg. Auf kürzestem Weg (ca. 2 km) erreicht man das Edelstein-Besucherbergwerk zu Fuß von der Weiherschleife auf dem Schleiferweg (Höhenunterschied 170 m). Der Fahrweg von Idar über Algenroth ist gut ausgeschildert. Der Steinkaulenberg, am Galgenberg (vor 1841 „Im Steinkaulenberg") gelegen, ist gut zu erreichen. Vom Parkplatz aus führt der Weg zum Besucherbergwerk über den „Geologischen Lehrpfad", der mit Gesteinen des Hunsrücks und der Nahe-Mulde auf die geologische Geschichte der Achat-Lagerstätte einstimmt. Hauptsächlich sind Gesteine des Idar-Oberstein – Baumholder Vulkanitkomplexes am Wegrand aufgestellt. Danach geht man an einem Huthaus (ein Huthaus schützt einen Schacht) und mehreren gesicherten Stollenmundlöchern sowie am täglich neu „bestückten" Schürffeld (für Schatzsucher) vorbei zum Eingang der Edelsteinmine.

Kontakt und Info zum Besucherbergwerk und zum Geol. Lehrpfad s. Kap. „Nützliches und Informatives"

Die Tatsache, dass sich auf 750 m Länge 37 Stollen befinden, zeigt die Intensität des Achat-Abbaus mindestens seit dem späten Mittelalter bis in das 19. Jahrhundert. Als Entdecker der für die Herstellung von Schmuckgegenständen gesuchten Steine dürfen die Herren von Stein oder auch von Dhaun-Oberstein gelten. Drusen und Mandeln in ehemaligen Gasblasen der Laven sind vor allem mit Achat, Jaspis, Karneol, Chalcedon und Amethyst gefüllt und bei der Führung noch im ursprünglichen Gestein, einem Lavastrom, zu bewundern. Das zeigt, dass der Abbau mit Hammer und Schlägel fortgeführt hätte werden können, dass also noch genügend Achat-Reserven vorhanden sind.

Der Name Steinkaulenberg leitet sich von den „Kaulen", den mundartlich hier so gesprochenen Kuhlen oder Gruben im Gelände ab, von denen die Suche nach den wertvollen Drusen im ca. 100 m mächtigen Andesit ausging. Das Gestein des Steinkaulenberges bildet die älteste Lavadecke über den ältesten Oberrotliegend-Sedimenten im NW-Bereich der Nahe-Mulde. Petrographisch ist es genau genommen als Latiandesit (Typ Steinkaulenberg) anzusprechen, der als ursprünglich gasreiche Lava mit fast 1 200 °C in Form einer Spalteneruption an der Hunsrücksüdrandverwerfung ausgeflossen ist. Dies ist aufgrund der Auslängung der Blasenräume in Fließrichtung in NW–SE-Richtung wahr-

Achat (Länge ca. 10 cm) im Gestein (Latiandesit Typ Steinkaulenberg), Edelsteinmine Steinkaulenberg. Foto: Rudolf Dröschel, Idar-Oberstein.

scheinlich. Nach dem Erkalten der Lava bei ca. 1 000 °C ist die Füllung dieser Hohlräume in mehreren Phasen bei Temperaturen unter 180 °C erfolgt. Der Durchmesser der Mandeln im dunkelgrauen Lavagestein beträgt ‹ 1 mm bis zu mehreren Dezimetern.

In frischem Zustand ist das Gestein annähernd dunkelgrau. Bei der Verwitterung nimmt es grünliche und/oder bräunliche Farben an. Die grünliche Färbung weist auf die Chloritisierung infolge der Verwitterung des Gesteins hin. Der Mineralbestand besteht aus Plagioklas, verwitterten Olivin- und (Ortho-)Pyroxen-Einsprenglingen sowie in der Grundmasse aus Chlorit, Biotit, Cummingtonit (Hornblende), Augit, Quarz, Erz und sekundärem Karbonat. Das wichtigste Mineral stellt der Plagioklas dar. Fast die Hälfte des Gesteins weist eine nicht auskristallisierte Grundmasse auf. Die Minerale selbst sind meist kleiner als 1 mm, sodass das Gestein normalerweise als dichter, grauer, strukturloser Vulkanit empfunden wird. In den Mandeln erkennt man als erste Fällungsreaktion einen Chlorit (Delessit), der häufig mit dem Kupfermineral Malachit verwechselt wird. Darauf folgen bei abnehmender Temperatur weitere Mineralgenerationen (meist Achat) bis zum Amethyst bzw. Calcit. Die Füllung hängt von der Menge und Art des Lösungsnachschubs ab. Achat und Jaspis können auch auf Spalten auftreten.

Für das Besucherbergwerk sind zwei benachbarte Stollen (Eugen Morschhäuser-Stollen) ausgebaut worden. Diese gehören zu dem fast 1 km langen Stollen- und Höhlensystem am Galgenberg. Sammler erhalten aus dem „Schürfstollen“ Gesteins-

Unterseite eines Lavastroms in den mächtigen Lavadecken von Idar-Oberstein.

material, um in diesem auf dem nahe gelegenen „Klopfplatz" nach Drusen bzw. Mineralien suchen zu können. „Schatzsucher" können auch auf dem ausgewiesenen „Schürffeld", einer Halde mit Material aus den Stollen, dort ausgebrachte Edelsteine aus aller Welt finden.

Der **Intrusivkörper bei Vollmersbach** ist durch Kontakterscheinungen in den hangenden Oberrotliegend-Sedimenten im Liegenden der Lavadecken von Idar-Oberstein gekennzeichnet. Sein Oberflächenausbiss von 1 500 x 800 m ist maximal 80 m mächtig. Der von SCHMIDT (1984) als „Kuselit" (± intrusiver Andesit) angesprochene Subvulkanit besitzt eine sehr feinkörnige Grundmasse (ca. 80 – 90 %) und porphyrische Einsprenglinge (Plagioklas, Orthopyroxen, Biotit). Gerundete Quarze (2 – 6 Vol.-%) als Xenokristalle mit Größen von bis zu 2 mm weisen Korrosionsbuchten auf.

Das **Steinerne Gästebuch** ca. 500 m östlich des Verkehrskreisels zwischen Herborn und Veitsrodt erinnert seit 1976 an zahlreiche prominente Besucher der Deutschen Edelsteinstraße. Auf einem Rundkurs von 1,7 km Länge signierten die Ehrengäste Steine z. T. mit originellen Namen. Die Deutsche Edelsteinstraße, ausgehend von Idar-Oberstein, mit den Eckpunkten Allenbach, Schauren, Fischbach und Rötsweiler-Nockenthal, bietet mehrere Varianten. An dieser Route liegen viele Orte, die das Ausmaß der Edelsteinverarbeitung in diesem Raum ausweisen, das von Idar-Oberstein ausstrahlt.

„Gefallene Felsen" (O-Rotliegendes) bei der Fuhrshütte an der alten Straße nach Bad Kreuznach am östlichen Ortsausgang von Idar-Oberstein.

Wanderung Stausee Kammerwoog – Enzweiler: Man wählt den Weg östlich und nördlich des Stausees, vorbei an Andesit-Felspartien mit kleinen Drusen. Am Waldrand am Ende des Stausees vor Enzweiler befinden sich die Grundmauern einer im 19. Jahrhundert aufgelassenen Edelsteinschleife. Einer der zerbrochenen Schleifsteine trägt die Jahreszahl 1846.

Bei einer **Wanderung von Schloss Oberstein zum oberhalb gelegenen Teich**, dem Schlossweiher, wird die Grenze oberster Lavastrom/Oberrotliegend-Konglomerate überschritten. Die auf den Waldwegen auffallenden Gerölle (Durchmesser bis ›30 cm) zeigen die Überlagerung deutlich an.

Die **„Gefallenen Felsen"**, eine Steilwand in Oberrotliegend-Konglomeraten, liegen beim ehemaligen Fährhaus (Fuhrshütte) am östlichen Ortsausgang von Idar-Oberstein (an der alten Straße nach Bad Kreuznach). Von der Tankstelle in der Nähe der Fuhrshütte in Richtung Stadt gehend überschreitet man die Grenze der Oberrotliegend-Konglomerate zu den liegenden Vulkaniten. Aufschlüsse in diesem Gestein befinden sich in einem Garten (nicht begehbar) ca. 50 m westlich der Tankstelle nach einem Häuserkomplex auf dem Niveau der Straße, welche von hier zum nächsten Gipfel hochziehen.

Die Oberrotliegend-Konglomerate erweisen sich durch ihr Einfallen als Hangendes des obersten Lavastroms des Idar-Oberstein – Baumholder Vulkanitkomplexes. Die Gerölle sind hier meist angerundet bis gerundet, wenige eckig, und befin-

Oberrotliegend-Konglomerat (Wadern-Fazies) bei der Fuhrshütte.

den sich bei einer Größe von bis zu ca. 1 m Durchmesser in einer siltig-sandigen Matrix. Als Material tritt hauptsächlich Taunusquarzit auf, selten auch Diabas und Andesit. Die Schichtung des im ehemaligen Variszischen Gebirge aufbereiteten und fluviatil transportierten Materials lässt sich deutlich erkennen. Sie fällt nach SE in Richtung der Muldenachse der Nahe-Mulde ein.

Grenze Lavadecke/Oberrotliegendes in Kirchenbollenbach: Will man sich die Nahe-Mulde plastisch vor Augen führen, so benötigt man Aufschlüsse auf beiden Seiten der Mulde, wie hier in Idar-Oberstein, Nahbollenbach und Kirchenbollenbach, letztere beide Stadtteile von Idar-Oberstein. Man beginnt bei den Gefallenen Felsen mit den nach SE einfallenden Konglomeraten und sieht zurück zu den Burgen mit der jüngsten Lavadecke, die unter die Konglomerate einfällt. Dies ist der NW-Flügel der Nahe-Mulde. Geht man nun in Richtung Nahbollenbach bis zum Eingang des Bollenbachtales und sieht nach N über die Nahe, so stehen auch dort Konglomerate/Fanglomerate der Wadern-Formation (Nahe-Subgruppe des Oberrotliegenden) an. Gelangt man von Mittel- nach Kirchenbollenbach, so begleiten den Besucher mehrere schöne Konglomerat-/Fanglomerat-Aufschlüsse neben der Straße, die aber diesmal nach NW einfallen. Nun geht der Wanderer vom Platz im Zentrum Kirchenbollenbachs die östliche Straße hoch durch den Ort. Dabei begegnet er dem höchsten „Andesit“, der nach NW einfällt. 100 m südlich des zentralen Platzes erkennt man das deutliche Einfallen mit 30 – 40° in Richtung NW. Damit lässt sich die Nahe-Mulde recht anschaulich belegen.

Nach NW einfallende Oberrotliegend-Fanglomerate bei Kirchenbollenbach.

Bundenbach und das Leben im Devon

Der Bundenbacher Schiefer und seine Fossilien

Seit dem Fund des ersten „Panzerfisches" *Drepanaspis gemuendensis* in der Kaisergrube Gemünden in den 80er Jahren des 19. Jahrhunderts besitzt der heute allgemein „Bundenbacher Schiefer" genannte Schieferstapel von Bundenbach und Gemünden mit den z. T. in allen Feinheiten pyritisierten Fossilien weltweiten Bekanntheitsgrad. Steht er doch mit anderen Konservat-Lagerstätten auf einer Ebene, z. B. mit den 100 Mio. Jahre älteren Burgess-Schiefern in Kanada, und zeigt durch die überlieferten Fossilien im Vergleich mit diesem Vorkommen den Fortschritt in der Evolution. Vor allem die Fauna ist beeindruckend, von der immer wieder neue und z. T. merkwürdige „Gesellen" zum Vorschein kommen. Viele Formen sind jedoch noch nicht genauer bestimmt.

Die Flora des Bundenbacher Schiefers ist dagegen recht spärlich. Da sein Ablagerungsraum, der heute durch die Faltung auf etwa die Hälfte verkürzt ist, ursprünglich ca. 300 km von der Küste des Old Red-Kontinents entfernt lag, werden selbst durch Katastrophen-Ereignisse (z. B. Starkregen auf dem Land, Tropenstürme über dem Meer, Tsunamis und Trübeströme) nur wenige Pflanzen in das Bundenbacher Becken mitgerissen und dort mit einsedimentiert (und pyritisiert). Psilophyten (Nacktpflanzen, Nacktfarn, Urfarn), die bereits im Silur begannen, das Land (auch den Old Red-Kontinent) zu besiedeln, finden sich u. a. mit *Psilophyton sp.* und *Taeniocrada dubia*. Neben Algen ist wohl auch ein Bärlappvertreter nachgewiesen.

Die Fauna des Bundenbacher Schiefers ist ungemein vielfältig und zeigt einen Querschnitt durch die damaligen Tierstämme. Neben Schwämmen, Korallen (*„Zaphrentis" sp.*, *Pleurodictyum sp.*, *Aulopora sp.*), Muscheln, Schnecken (sehr selten!) und Hydrozoen (Quallen!) treten die Conularien (Kegeltiere) als ganz besondere Tiergruppe auf. Letztere, in der Erdgeschichte sehr selten auftretend, gehören wohl zu den Nesseltieren (u. a. *Conularia bundenbachia*, *Conularia gemuendina*). Als Leitfossilien, die eine genauere stratigraphische Einstufung ermöglichen, sind Spiriferen, Goniatiten und Tentaculiten besonders wichtig (Brachiopoden: u. a. *Arduspirifer arduennensis prolatestriatus*, *Brachyspirifer explanatus*, *Euryspirifer assimilis*; Goniatiten: u. a. *Anetoceras hunsruecki-*

anum, *Mimagoniatites falcistria*; die Orthoceren sind bisher nicht genauer differenziert; Tentaculiten: *Nowakia praecursor*, *N. barrandei*, *Viriatellina fuchsi*).

Bei den Arthropoden treten sehr seltene, einzigartige, z. T. auch merkwürdige Tiere auf, die durch Röntgenaufnahmen detaillierter erforscht sind. Dazu gehören *Weinbergina opitzi* (Pfeilschwanzkrebs), *Palaeoisopus problematicus* („Asselspinne"), *Cheloniellon calmani*, *Vachonisia rogeri* (Trilobiten-ähnliche Tiere), der auf Stelzen sich bewegende „Scheinstern" *Mimetaster hexagonalis* (mit seinen Stielaugen) und die „Krabbe" *Nahecaris stuertzi*. *Mimetaster* und *Vachonisia* besitzen ähnliche Stelzenbeine, aber einen recht unterschiedlichen Rückenschild. *Mimetaster* weist wie *Schinderhannes bartelsi* Ähnlichkeit auf mit Arthropoden (Marrellidae, trilobitenähnliche Gliederfüßer) der ca. 100 Mio. Jahre älteren Burgess-Schiefer. *Cheloniellon* ähnelt durch die Gliederung des Körpers und die dazugehörigen Beinpaare deutlich mehr den Trilobiten. Der bis zu 60 cm Gesamtlänge (!) aufweisende „gepanzerte" *Nahecaris* besitzt große Ähnlichkeit mit den heutigen Krabben. Mit seinen Laufbeinen im Kopfbereich sowie den paarigen Schwimmbeinen und die seitlichen großen Augen besitzt er auch übereinstimmende Merkmale mit *Schinderhannes bartelsi*. An kambrische Formen erinnert u. a. auch der neu entdeckte Arthropode *Cambronatus brasseli*. Das Auge von *Magnoculus*, ebenfalls ein Arthropode außerhalb der Trilobiten, besitzt mindestens 2000 hexagonale Linsen, konnte also sicher gut sehen.

Schinderhannes bartelsi s. Kasten Seite 14

Fotos gegenüberliegende Seite: Oben: Conularia sp. (Nesseltiere); seltenes gehäuftes Auftreten von juvenilen und adulten Exemplaren, Hunsrückschiefer/Bundenbach; Bildbreite ca. 19 cm. Mitte: Medusaster rhenanus (Seestern), Grube Herrenberg/Bundenbach; Bildbreite ca. 5 cm. Unten: Krone von Orthocrinus ?pinnatus (Seelilie), Grube Karscheck/Oberkirn; Bildbreite ca. 7 cm. Präparation und Fotos: Wouter Südkamp, Bundenbach.

Häufig findet man *Chotecops (Phacops) ferdinandi*, ein Trilobit, der das heimliche Leitfossil des Hunsrückschiefers darstellt. Dieses Fossil kommt sowohl vollständig pyritisiert oder phosphatisiert vor, als auch „nur" als verkieselter Häutungsrest (Exuvie). Es zeigt in Pyriterhaltung auf Röntgenfotos selbst Magen und Darm sowie die Facetten der Augen. Überliefert sind auch eingerollte Formen ähnlich der Fähigkeit der heutigen Kellerasseln (Reaktion auf Umweltreize).

Von den 5-zähligen Stachelhäutern sind ca. 150 Arten überliefert. Zu dieser Gruppe zählen – um mit den bekannteren Tierklassen zu beginnen – die Seelilien, Seesterne, Schlangensterne, Beutel- und Knospenstrahler und Seegurken. Die Seelilien stellen wohl die ästhetisch schönste Tiergruppe der Bundenbacher Schiefer dar. Ein Exemplar von *Acanthocrinus lingenbachensis* sieht auf einem Röntgenfoto von STÜRMER sehr lebendig aus. Häufig ist *Hapalocrinus frechi*.

Der Seestern ist das Charakterfossil des Hunsrückschiefers. Hier sind vor allem die bis 29-armigen Sonnensterne (*Helianthaster rhenanus*, *Palaeosolaster gregoryi*) hervorzuheben. Wesentliche Unterschiede zwischen den See- und Schlangensternen betreffen die Körperscheibe, die bei den Schlangensternen von den Armen abgesetzt ist, sowie die Mund- und Afteröffnung, wobei die Schlangensterne nur eine dieser Körperöffnungen besitzen. Die Masseneinbettung z. B. des Schlangensterns *Furcaster palaeozoicus* mit Einregelung seiner Arme weist auf starke Strömung hin. Mit eingeregelten Schlangen- und Seesternen, aber auch mit Seelilien, könnte im Anstehenden die Richtung der Strömung bestimmt werden.

Außerordentlich wichtig für die Evolution sind die im Bundenbacher Schiefer auftretenden marinen Wirbeltiere, die Fische, die zu den urtümlichen Kieferlosen (Agnatha) und Kiefermündern (Gnathostomata) gehören. Die bereits seit dem Ordovizium nachgewiesenen ältesten Wirbeltiere, die Agnathen, besitzen einen Knochenpanzer. Zu diesen gehört der schönste Vertreter der Wirbeltiere im Hunsrückschiefer, *Drepanaspis gemuendensis*. Das zweitgrößte jemals gefundene Exemplar kann man im Museum Idar-Oberstein bewundern. Diese Art gehört zu den bodenbewohnenden Kieferlosen und hat Ähnlichkeit mit dem

Panzerfisch *Gemuendina stuertzi*. Beide sind vor allem aus der Kaisergrube in Gemünden bekannt geworden und besitzen in ihrer Körperform Ähnlichkeit mit den heutigen Rochen.

Die Gnathostomata haben sich aus den Agnathen entwickelt und erreichen im Devon-Meer durch ihren Kiefer Dominanz. Die devonischen Kiefermünder werden auch unter der Bezeichnung Placodermi (= Panzerfische: Arthrodira, Rhenanida) zusammengefasst. Hierher gehören u. a. der bereits genannte *Gemuendina stuertzi*, weiterhin *Lunaspis broili*, *Lunaspis heroldi* und *Nessariostoma granulosa*. Sehr selten sind Reste von Stachelhaien (*Machaeracanthus sp.*), die zur Klasse der Acanthodier gehören. Häufiger sind deren bis über 20 cm Länge erreichenden Flossenstacheln. Als vierte Gruppe der im Hunsrückschiefer überlieferten Wirbeltiere sind die Lungenfische (Dipnoi) mit einer ihrer ältesten Formen, *Dipnorhynchus lehmanni*, vertreten. Lungenfische besitzen Kiemen und Lunge. Die Entwicklung der Lunge vollzog sich also bereits vor über 400 Mio. Jahren! Lungenfische treten auf dem Old Red-Kontinent im Devon bereits im Süßwasser auf und zeigen damit in Richtung einer Besiedelung des terrestrischen Faziesbereiches.

Der tonige Schlammboden, aus dem der Tonschiefer entstanden ist, eignete sich besonders für bodenbewohnende Tiere wie die Trilobiten, die durch Häutungsreste ihren Lebensraum anzeigen, andererseits voll körperlich hierher (wohl nicht weit) verdriftet wurden. Es müssen unterschiedliche Erhaltungsbedingungen angenommen werden, denn die Pyritisierung ist nur an wenige Lagen gebunden. Da sich aber im gesamten Bundenbacher Schiefer die Sedimentationsbedingungen und damit auch der Anteil des organischen Kohlenstoffs (ca. 0,3 – 0,5 Gew.-%) nicht wesentlich ändern, muss eine externe Eisenquelle für die Pyritbildung bei den Fossilien unter Beteiligung von Bakterien verantwortlich gemacht werden.

Die Eisenanreicherung ist mit ca. 100 – 200 °C heißen Salzsolen an der Kreuzung einer synsedimentären streichenden Störung an der Grenze zur Soonwald-Wildenburg-Schwelle im SE mit der annähernd N – S verlaufenden Bundenbacher Achsendepression verbunden. Da in der Nähe die Bundenbacher Blei-Zink-Vererzung vorliegt, die mit Salzsolen wie in anderen Teilen des Rheinischen Schiefergebirges hergeleitet werden kann (sedimentär-exhalative (SEDEX-) Lagerstätte), lassen sich die lagigen Eisenanreicherungen im Hunsrückschiefer

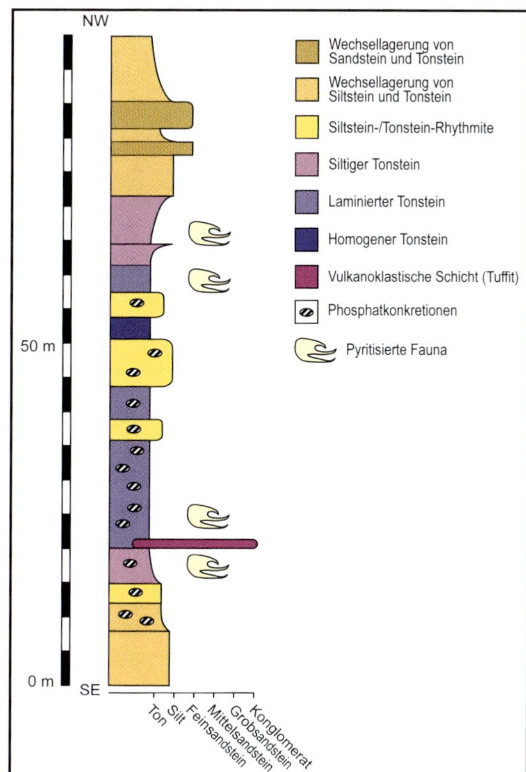

Generalisiertes Hunsrückschiefer-Profil eines Teils des Eschenbach-Bocksberg-Tagebaus. Die vier Horizonte mit pyritisierten Fossilien sind hervorgehoben. Im tieferen Teil des Profils tritt ein auf ca. 408 Mio. Jahre datierter Tuffit auf. Verändert nach SUTCLIFFE et al. (in Bartels et al. 2002).

des Bundenbach-Gemündener Raumes zwanglos erklären. Die Fällung des Eisens erfolgte bei Anwesenheit von organischen Schwefelverbindungen unter Beteiligung von Eisen und Sulfat reduzierenden Bakterien.

Da die Tiere durch Turbidite und Tempestite teilweise bewegt bzw. mitgerissen wurden, liegen diese partiell nicht in der Schichtung an der Basis des siltig-sandigen Überschüttungskörpers, sondern in allen Lagen und schräg zur Schichtung innerhalb des schnell antransportierten Materials. Sie sind in einem kleinen, vor allem im Streichen (NE–SW) liegenden Becken

UNTERDEVON	O-Ems	Kondel Laubach Lahnstein			?
	U-Ems	Vallendar	Klerf Gladbach	?	Rhaunen-Schichten (Hunsrückschiefer)
		Singhofen			?
		Ulmen		Kaub-Formation Bornich-Formation Sauerthal-Formation	Bundenbach-Schichten ? ? ?Dill-Schichten ?

Vorläufige stratigraphische Einstufung des Hunsrückschiefers im Raum Rhaunen – Bundenbach – Gemünden – Kirchberg. Die bisherige Einstufung erfolgt nach MITTMEYER (2008).

(km bis 10er km Größe) begraben worden. Solche Becken stellen morphologische Fallen (Fossilfallen) dar. Daher könnte dieses Tief auf dem Schelf des Old Red-Kontinents unterhalb der Sturmwellenbasis (›50 – 60 m) zur Zeit des Bundenbacher Schiefers sogar tiefer gewesen sein als 200 m, der Tiefe der Schelfbereiche am Außenrand zum Kontinentalabfall und Ozean. Aus südlicher Richtung, vom Rhea-Ozean, gelangten die „böhmischen" Fauneneinflüsse (vor allem Goniatiten und Tentaculiten) im Unterems (Kaub-Formation bzw. Bundenbach-Schichten i. e. S.) in dieses rinnenartige Becken bzw. Tief in einem relativ offenen marinen Bereich.

Streifzüge um Bundenbach

Bundenbach an der Hunsrück Schiefer- und Burgenstraße, auf sogenanntem Herrenland gegründet, in früheren Zeiten „Beunde" ausgesprochen, bietet vielfältige geologische Attraktionen, darunter auch geologische Seminare und Präparationskurse.

Die **Grube Eschenbach** der Fa. Johann & Backes baute als einzige Grube im Hunsrück Dachschiefer im Tagebau ab. Maschineneinsatz ermöglichte die Gewinnung größerer Schiefermengen. Die Grube liegt im Streichen der Grube Herrenberg und weist einen Vulkanithorizont auf, dessen Alter radiometrisch auf 408 Mio. Jahre bestimmt worden ist. Dieser ca. 30 – 50 cm mächtige Tuffit ist in die annähernd senkrechte Schichtfolge („Plattenstein" = Parallelität von Schichtung und Schieferung) eingeschaltet, die durch Verquarzungen und Verwitterung einen hohen Anteil an nicht verwertbarem Material aufweist. Die große Halde zeigt dies deutlich. Während des Abbaus wurden Funde mit über 100 Seesternen auf annähernd einem Quadratmeter gemacht. Diese Massenvorkommen beweisen eine gute Durchlüftung am einstigen Meeresboden. Die vielen vorgefundenen Arten in diesem Tagebau ergeben ein Bild vom großen Artenspektrum zur Zeit der Ablagerung des Hunsrückschiefers. Viele Museen besitzen von diesem Aufschluss wertvolle Stücke.

Besuchergrube Herrenberg/Bundenbach (mit der großen Schieferhalde) von der Schmidtburg aus.

Im Zuge des Projektes „Nahecaris" wurde der Hunsrückschiefer in diesem Bereich (mit insgesamt 175 m Mächtigkeit) in 7 Schichtglieder getrennt, die in die Kaub-Formation eingestuft wurden. In diesem Profil treten 4 Horizonte mit pyritisierten Fossilien und 3 Tuffite auf (BARTELS et al. 2002). Der dort schon länger bekannte, gegenüber den anderen beiden Vulkanithorizonten relativ mächtige Tuffit wird in dieser Arbeit „Kuhstäbel Tuffit" genannt.

Die Besuchergrube **Schiefergrube Herrenberg** demonstriert den Hunsrücker Schieferbergbau in früherer Zeit. Ihre erste Erwähnung könnte aus dem Jahr 1540 stammen. Der Name „Herrenberg", erstmalig 1778 dokumentiert, geht auf die Bergwerkseigentümer, die „Herren" Amtsleute und Steuereinnehmer, zurück. Die Grube wurde 1964 stillgelegt und 1977 für den Besucherverkehr geöffnet. Die Grube weist 5 Stollen-Niveaus auf und im Streichen eine Gesamtlänge von ca. 1 300 m mit fast 60 m Höhenunterschied. Die großen Hohlräume lassen die Intensität des früheren Schieferbergbaus erahnen, auch die schwierigen Arbeitsbedingungen, die bei dem hohen Quarzanteil des Schieferstaubs die Lebenserwartung der damaligen Bergleute auf 40 – 45 Jahre reduzierten. Die Schiefergrube Herrenberg dient neuerdings auch als Therapiestollen für Erkrankungen der Atemwege (90 % Luftfeuchtigkeit, 8 °C konstante Temperatur).

Kontakt s. Kap. „Nützliches und Informatives"

Wichtig sind im Bundenbacher Raum folgende Bergmannsbezeichnungen für den Schiefer: „Plattenstein" und „Krappstein". Unter Plattenstein versteht man einen Tonschiefer mit Parallelität von Schichtung und Schieferung, unter Krappstein einen solchen, bei dem diese schräg bis senkrecht zueinander verlaufen. Die Beziehung zwischen Schichtung und Schie-

Schmidtburg bei Bundenbach: Schichtung und Schieferung im Hunsrückschiefer.

ferung kann man am besten in der dritten Weitung der Schiefergrube nachvollziehen. Dort lässt sich der Faltenbau mit einem Sattel und einer Mulde exemplarisch – ohne Störungen und Verquarzungen – mit dem konstanten, annähernd senkrechten Einfallen der Schieferung gegenüber dem Pendeln der Schichtung erkennen. Eine Zeitmarke ist mit einem basischen Vulkantuff (subaerische Eruption wie bei den Tuffiten in der Grube Eschenbach) in der ersten Weitung aufgeschlossen, der von den Schieferarbeitern früher „Hans“ oder „Hans Platte“ genannt und ursprünglich als Quarzit angesehen wurde.

In der zweiten Weitung sind bei guter Beleuchtung kreisförmige, bis ca. 1,5 m Durchmesser aufweisende schwache Eindrücke zu beobachten, die bei Filmaufnahmen entdeckt wurden (H. STAPF, Nierstein). Diese stellen wohl Reste tierischer Fressbauten dar. Im Hunsrückschiefer muss man immer mit neuen Überraschungen rechnen.

Die riesigen Halden der Grube Herrenberg und benachbarter Gruben verleiten zum Schieferspalten. Dabei können Fossilien entdeckt werden. Bitte alle Fossilien mit Fundort und, wenn möglich, mit Rechts- und Hochwert versehen, um sie irgendwann einmal wissenschaftlicher Verwertung zuführen zu können.

Kontakt s. Kap. „Nützliches und Informatives“

Im **Fossilienmuseum** der Schiefergrube Herrenberg kann man die vielfältige Fauna des Hunsrückschiefers mit exquisiten, nur aus Bundenbach stammenden Exemplaren aus fast allen Tiergattungen bewundern. Mit der Ausstellung wird die weltweite Einmaligkeit und Berühmtheit des Hunsrückschiefers gut dokumentiert.

Die **keltische Altburg**, ein archäologisches Denkmal ersten Ranges, nur ca. 150 m von der Schiefergrube Herrenberg entfernt auf einem isolierten Bergvorsprung (Höhenplateau) ca. 90 m über dem Hahnenbachtal gelegen, zeigt sich heute mit nachempfundenen Wohn-, Kult- und Vorratshäusern, die

Tief eingeschnittene Fahrrillen im Hunsrückschiefer auf der Schmidtburg bei Bundenbach.

dem historischen „Vorbild“ nachgebaut wurden. Bei den archäologischen Ausgrabungen stieß man auf über 2 500 Bodenvertiefungen im Tonschiefer. Ein 7 m hoher und 80 m langer Wall schützte das von den Kelten im 2.–1. Jahrhundert v. Chr. besiedelte, 1,5 ha große, nach allen übrigen Seiten steil abfallende Plateau in Richtung Grube Herrenberg und erlaubte nur Zutritt über eine Toranlage an der Engstelle im N des Walls. Schmelzschlacken lassen – wie am Bremerberg – auf einen starken Brand schließen. Dieser könnte mit der gewaltsamen Zerstörung der Burg um 50 v. Chr. zusammenhängen. Ein „Bleilot“ wurde in einer der Felsgruben gefunden, in das eine Eisenöse eingegossen wurde (SCHINDLER 1978). Die Kelten verwendeten also schon Blei ...

In einer Urkunde aus dem Jahr 1084 taucht erstmals der Name „Schmidtburg“ auf, deren Erbauung wohl 926 begann. Möglicherweise wurden in den Zeiten der Ungarn-Einfälle auf der **Schmidtburg** geschmiedete Eisenteile für die Kettenhemden hergestellt (FÜLLMANN 1990). Deswegen dürfte sich auch der bezeichnende Name „Schmidtburg“ herausgebildet haben. Die Ruine der ehemals sehr großen Burg im Zentrum eines Talmäanders besitzt eine Länge von 230 m. Der Untergrund der Burg wird aus Hunsrückschiefer aufgebaut. Das Besondere hier ist aber die Einlagerung von basischen Tuffen in dieses Gestein. Eine Lage befindet sich gleich beim Eingang im Steilhang unter der Oberburg vor dem ehemaligen Tor. Im nördlichen Steilhang unterhalb der Burg lässt sich ebenfalls eine Tuffeinschaltung beobachten.

Der Wanderer kann die Schmidtburg von der Ruine Hellkirch über das Hahnenbachtal mit dem Wassererlebnispfad, von Schneppenbach, von Rudolfshaus über den Forellenhof und von der Grube Herrenberg aus erreichen.

Nützliches und Informatives

Informations- und Anlaufstellen

Geologische Lehrpfade

Geologischer Hunsrück-Lehrpfad Gemünden
Verbandsgemeindeverwaltung/Tourist-Information Kirchberg, Marktplatz 5, 55481 Kirchberg, Tel. 06763/910144

Homepage: *www.kirchberg-hunsrueck.de*

Geologischer Lehrpfad Hochstetten-Dhaun
Naheland-Touristik GmbH, Bahnhofstr. 37, 55606 Kirn/Nahe, Tel. 06752/137610

Homepage: *www.naheland.net*

Geologischer Lehrpfad beim Besucherbergwerk Edelsteinmine Steinkaulenberg
Tourist-Information Idar-Oberstein, Georg-Maus-Str. 2, 55743 Idar-Oberstein, Tel. 06781/64421

Homepage: *www.idar-oberstein.de*

Geopark Krahloch, Sensweiler
Verbandsgemeinde/Tourist-Information Deutsche Edelsteinstraße, Brühlstr. 16, 55756 Herrstein, Tel. 06785/79103

Homepage: *www.deutsche-edelsteinstrasse.de*

Edelsteingarten Kempfeld
55758 Kempfeld, Tourist-Information Deutsche Edelsteinstraße, Brühlstr. 16, 55756 Herrstein, Tel. 06785/79103 (Führungen nach Absprache)

Homepage: *www.deutsche-edelsteinstrasse.de und www.kempfeld .de*

Museen und Ausstellungen

Archäologiepark Belginum
Keltenstr. 2, 54497 Morbach-Wederath, Tel. 06533/957630

Homepage: *www.belginum.de*

Deutsches Edelsteinmuseum
Hauptstr. 118, 55743 Idar-Oberstein (im Stadtteil Idar), Tel. 06781/900980

Homepage: *www.edelsteinmuseum.de*

Edelstein-Erlebniswelt
Verkaufsausstellung von ca. 40 Edelsteinschleifereien/ „Factory Outlet“, Nahestr. 42, 55743 Idar-Oberstein, Tel. 06781/2050

Homepage: *www.edelstein-erlebniswelt.de*

Erlebniswelt „Wald und Natur“ Schloss Wartenstein
Mit kleiner, aber feiner geologischer Ausstellung, Bahnhofstr. 31, 55606 Kirn, Tel. 06752/138-0 oder 06752/8000

Homepage: *www.schlosswartenstein.de*

Fossilien-Museum Bundenbach
Bei der Besuchergrube Herrenberg, 55626 Bundenbach, Tel. 06544/9272

Homepage: *www.bundenbach.de*

Heimatkundliches Museum Herrstein
Infos über Herrstein und Umgebung, auch über „Scheune im Hunsrück“, Pfarrgasse 5–7, 55756 Herrstein, Tel. 06785/7768

Homepage: *www.herrstein.de und www.scheune-im-hunsrueck.de*

Hochwaldmuseum Hermeskeil
Trierer Str. 49/Neuer Markt, 54411 Hermeskeil, Tel. 06503/953515

Homepage: *www.hochwaldmuseum.de*

Industriedenkmal Jakob Bengel
Nähe Stadttheater, Wilhelmstr. 42a, 55743 Idar-Oberstein (Anmeldung/Terminvereinbarung!), Tel. 06781/27030

Homepage: *www.jakob-bengel.de*

Museum des Vereins für Heimatkunde im Landkreis Birkenfeld
Friedrich-August-Str. 17, 55765 Birkenfeld, Tel. 06782/6382

Homepage: *www.museum-birkenfeld.de*

Museum Idar-Oberstein
Unterhalb der Felsenkirche, Hauptstr. 436, 55743 Idar-Oberstein, Tel. 06781/24619

Homepage: *www.museum-idar-oberstein.de*

Museum Nierstein
Vor allem Fauna und Flora des Rotliegenden, Marktplatz, 55283 Nierstein, Tel. 06133/58760

Naturkundliches Museum Simmertal
Fossilien aus dem Devon, Rotliegenden, Tertiär und Quartär der Region (Terminvereinbarung erforderlich!), Rathausstr., 55618 Simmertal, Tel. 06754-1416

Rheinland-Pfälzisches Freilichtmuseum Bad Sobernheim
Nachtigallental, 55560 Bad Sobernheim, Tel. 06751/3840

Homepage: *www.freilichtmuseum-rlp.de*

Besucherbergwerke und historische Edelsteinschleifen

Besucherbergwerk Schiefergrube Herrenberg
55626 Bundenbach, Tel. 06544/9272

Homepage: *www.bundenbach.de*

Besucherbergwerk Edelsteinmine Steinkaulenberg
Für Anmeldung Schürfstollen und -feld, 55743 Idar-Oberstein, Tel. 06781/47400

Homepage: *www.edelsteinminen-idar-oberstein.de*

Historisches Besucherbergwerk/Kupferbergwerk Fischbach
55743 Fischbach an der Nahe, Tel. 06784/2304

Homepage: *www.besucherbergwerk-fischbach.de*

Historische Wasserschleiferei Biehl
Vorführung der historischen Edelsteinschleifertätigkeit, 55758 Asbacherhütte, Tel. 06786/1505

Homepage: *www.alte-edelsteinschleiferei.de*

Historische Weiherschleife
Mit Multimediaschau und mineralogischer Ausstellung, 55743 Idar-Oberstein, Tel. 06781/31513

Homepage: *www.edelsteinminen-idar-oberstein.de*

Geracher Wasserschleife
Anmeldung und Verkauf von Eintrittskarten für die Mineraliensuche im Steinbruch der Fa. Juchem, 55758 Niederwörresbach, Tel. 06785/999616

Homepage: *www.juchem-gruppe.de/mineraliensuche.htm*

Ausgewählte Edelstein-Adressen

Bundesverband der Edelstein- und Diamantindustrie e. V.
Mainzer Str. 34, 55743 Idar-Oberstein, Tel. 06781/944240

Homepage: *www.bv-edelsteine-diamanten.de*

Diamant- und Edelsteinbörse Idar-Oberstein e. V.
Mainzer Str. 34, 55743 Idar-Oberstein, Tel. 06781/94420

Homepage: *www.diamant-edelstein-boerse.de*

Industrieverband Schmuck- und Metallwaren Idar-Oberstein e. V.
Mainzer Str. 34, 55743 Idar-Oberstein, Tel. 06781/944250

Homepage: *www.iv-schmuck-metall.de*

Deutsche Diamant- und Edelsteinlaboratorien Idar-Oberstein (DEL)
Prof.-Schlossmacher-Str. 1, 55743 Idar-Oberstein, Tel. 06781/981355

Homepage: *www.gemcertificate.com*

Diamant Prüflabor GmbH
Prof.-Schlossmacher-Str. 1, 55743 Idar-Oberstein,
Tel. 06781/42028

Homepage: *www.gemcertificate.com/dpl.htm und www.diamant-prueflabor.de*

Deutsche Gesellschaft für Edelsteinbewertung mbH
Prof.-Schlossmacher-Str. 1, 55743 Idar-Oberstein,
Tel. 06781/47277

Homepage: *www.gemcertificate.com/degeb.htm*

Institut für Edelsteinforschung Idar-Oberstein
Am Markt, 55743 Idar-Oberstein, Tel. 06781/44767

Homepage: *www.gemcertificate.com/ife.htm und www.uni-mainz.de/FB/Geo/mineralogie/gemstone/*

Deutsche Gemmologische Gesellschaft/Deutsche Gesellschaft für Edelsteinkunde (auch: Deutsches Gemmologisches Ausbildungszentrum/Deutsches Berufsfortbildungswerk für Edelsteinkunde)
Prof.-Schlossmacher-Str. 1, 55743 Idar-Oberstein,
Tel. 06781/50840, Lehrgangssekretariat 06781/43011

Homepage: *www.dgemg.com*

Forschungsinstitut für mineralische und metallische Werkstoffe -Edelsteine/Edelmetalle- GmbH (FEE)
Struthstr. 2, 55743 Idar-Oberstein, Tel. 06781/21191

Homepage: *www.fee-io.de*

Fachhochschule Trier, Standort Idar-Oberstein, Fachrichtung Edelstein- und Schmuckdesign
Vollmersbachstr. 53a, 55743 Idar-Oberstein,
Tel. 06781/94630

Homepage: *www.fh-trier.de/go/esd*

Intergem Messe GmbH
Postfach 12 27 20, 55719 Idar-Oberstein, Tel. 06781/41015

Homepage: *www.intergem.de*

Weitere Anlaufstellen

Elbertzhagen-Gießerei
Musterausstellung, Simmerhammer, Hammerweg 2, 55618 Simmertal, Tel. 06754/946911

Hunsrück Schiefer- und Burgenstraße
Verbandsgemeindeverwaltung Kirn-Land, Bahnhofstr. 31, 55606 Kirn, Tel. 06752/138-31

Homepage: *www.hunsrueck-naheland.de*

Hunsrückhaus Umweltbildungsstätte Erbeskopf
54411 Deuselbach, Tel. 06504/778

Homepage: *www.hunsrueckhaus.de*

Naheland-Touristik GmbH
Bahnhofstr. 37, 55606 Kirn/Nahe, Tel. 06752/137610

Homepage: *www.naheland.net*

Naturpark Saar-Hunsrück
Trierer Str. 51, 54411 Hermeskeil, Tel. 06503/95172

Homepage: *www.naturpark.org*

Projektbüro Saar-Hunsrück-Steig
Gemeinde Losheim am See, Merziger Str. 3, 66679 Losheim am See, Tel. 06872/9018100

Homepage: *www.saar-hunsrueck-steig.de*

Südkamp Exkursionen
Hunsrück-Exkursionen und Präparierkurse, Gartenstr. 11, 55626 Bundenbach, Tel. 06544/9093

Homepage: *www.suedkamp-exkursionen.de*

Tourist-Information Deutsche Edelsteinstraße
Brühlstr. 16, 55756 Herrstein, Tel. 06785/79103

Homepage: *www.edelsteinstrasse.de und www.deutsche-edelsteinstrasse.de*

Tourist-Information Hermeskeil
Im Hochwaldmuseum, Trierer Str. 49, 54411 Hermeskeil, Tel. 06503/9535-0

Homepage: *www.hermeskeil.de*

Tourist-Information Idar-Oberstein
Georg-Maus-Str. 2, 55743 Idar-Oberstein, Tel. 06781/64421

Homepage: *www.idar-oberstein.de*

Tourist-Information Morbach
Bahnhofstr. 19, 54497 Morbach, Tel. 06533/71-117

Homepage: *www.morbach.de*

Tourist-Information St. Wendeler Land
Am Seehafen, 66625 Nohfelden-Bosen, Tel. 06852/9011-0

Homepage: *www.bostalsee.de*

Touristeninformationsbüro der Verbandsgemeinde Birkenfeld
Oldenburger Str. 2, 55765 Birkenfeld, Tel. 06782/990200

Homepage: *www.vgv-birkenfeld.de*

Trägerverein Naturpark Soonwald-Nahe e. V.
Salinenstr. 47, 55543 Bad Kreuznach, Tel. 0671/803-370

Homepage: *www.soonwald-nahe.de*

Lage, Beschreibung und geographische Koordinaten wichtiger Lokalitäten

Die nachfolgend angeführten Koordinaten beziehen sich auf das World Geodetic System 1984 (WGS84). Die Aufschlüsse sind in der Reihenfolge ihrer Nennung im Text aufgeführt. Koordinaten der Lehrpfade, Besucherbergwerke und weiterer Anlaufstellen sind am Tabellenende zusammengestellt.

	Lage und Beschreibung	Nordwert	Ostwert	Seite
1	**Aufschluss in Niederwörresbach;** Diskordanz Unterrotliegendes über gefaltetem Hunsrückschiefer	N 49,765647°	E 7,336941°	23
2	**Aufschluss 500 m N Langenthal;** Diskordanz Unterrotliegendes über gefaltetem Hunsrück-Variszikum (Metam. Südrandzone)	N 49,835575°	E 7,569135°	23, 60
3	**Straßenanschnitt in Monzingen, Kirbachstr. beim Feuerwehrhaus;** Oberrotliegendes, Konglomerate der Wadern-Fazies	N 49,800969°	E 7,591965°	58
4	**Straßenaufschluss ca. 2 km N Monzingen Richtung Gemünden;** Andesit **Nahebei:** ehem. Stbr. in einem großen Andesit-Intrusivkörper	N 49,817992°	E 7,579659°	58
5	**Steinbruch Langenthal;** Latiandesit (Typ Langenthal)	N 49,826615°	E 7,571624°	59
6	**Seesbach, Felsformation im Ort;** Kallenfelsquarzit	N 49,845725°	E 7,546589°	61
7	**Martinsteiner Klotz in Martinstein gegenüber Bhf.;** Intrusivandesit	N 49,805034°	E 7,535443°	61
8	**Parkplatz an d. B 421, Startpunkt zu versch. Aufschl. am N-Ausgang von Simmertal u. Rote-Berg;** Grenze Rotliegendes der Nahe-Mulde/Metam. Südrandzone des Hunsrücks	N 49,811228°	E 7,513443°	62

	Lage und Beschreibung	Nordwert	Ostwert	Seite
9	**Simmertal/Fa. Jäger, mehrere Aufschlüsse zwischen dem Simmerbach und der K 9;** Metadiabas, Rotliegend-Sedimente nahe der Grenze zur Metam. Südrandzone	N 49,810764°	E 7,512345°	62
10	**Straßenaufschluss an der K 9, Kurve SW Friedhof Schloss Dhaun;** Konglomerate des Unterrotliegenden (Lebach-Schichten der Glan-Subgruppe)	N 49,810556°	E 7,496235°	63
11	**Alter Steinbruch an der B 41 zwischen Hochstetten-Dhaun und Simmertal;** Sandsteine der Tholey-Schichten	N 49,804378°	E 7,519209°	64
12	**Aufschluss am Parkplatz unterhalb der Burgmauern von Schloss Dhaun;** Metadiabas der Metam. Südrandzone mit kleinräumiger Faltung	N 49,815830°	E 7,500796°	65
13	**Straßenaufschluss an der B 41 N Simmertal;** massige, z. T. auch dünnschiefrige Metadiabase mit Spezialfalten	N 49,811673°	E 7,513151°	65
14	**Weißbecker, ehem. Sandgrube;** postoligozäne fluviatile Sande und Kiese	N 49,845685°	E 7,480407°	66
15	**Ehem. Stbr. am Simmerbach;** Taunusquarzit (Mittleres Siegen)	N 49,867994°	E 7,468299°	67
16	**Straßenaufschluss und ehem. Stbr. an der B 421 SW Gehlweiler;** Rhyolith als ca. 8 m mächtiger Gang im Hunsrückschiefer	N 49,880046°	E 7,460873°	67
17	**Kaisergrube Gemünden;** Dachschiefer	N 49,891061°	E 7,471328°	67
18	**Ruine Koppenstein;** Taunusquarzit, Wackelstein **Nahebei:** eiszeitl. Felsenmeer	N 49,876733°	E 7,489450°	70

	Lage und Beschreibung	Nordwert	Ostwert	Seite
19	**Steinbruch Henau (Quarzitwerk);** Unterer Taunusquarzit (Mittleres Siegen) mit Schrägschichtung	N 49,873137°	E 7,482606°	71
20	**„Findling" bei Hochstädten;** tertiärer Süßwasserquarzit	N 49,793540°	E 7,529540°	53, 72
21	**Sandgrube im Struther Wald bei Hochstetten-Dhaun, ca. 10 m hoher Aufschluss;** tertiäre fluviatile Sande und Tone, z. T. mit Schrägschichtung	N 49,788880°	E 7,502600°	72
22	**Kyrburg/Kirn, Aufschlüsse auf, in und unterhalb der Burg;** Intrusivandesit	N 49,786282°	E 7,452633°	72
23	**Trübenbachtal;** gelbliche, graue u. schwarze Schiefertone mit Siltsteinen des Unterrotliegenden (Lebach-Subgruppe) **Nahebei:** Andesit-Aufschlüsse u. eiszeitl. Andesit- Blockschuttfelder	N 49,783117°	E 7,446845°	73
24	**Kirn, Ortsausgang Richtung Hahnenbach;** graue Schiefertone der Lebach-Schichten	N 49,791567°	E 7,454180°	73
25	**Kirn;** Kallenfelsquarzit	N 49,797289°	E 7,442406°	74
26	**Kirner Dolomiten S Oberhausen;** Felsformationen, Kallenfelsquarzit	N 49,800678°	E 7,451814°	74
27	**Schloss Wartenstein;** Gneis von Wartenstein	N 49,802835°	E 7,430207°	74
28	**Hahnenbach;** Intrusivdiabas mit Kontaktmetamorphose in den angrenzenden Tonschiefern des Givet	N 49,808271°	E 7,419531°	75
29	**Sonnschied, Aussichtspunkt am westlichen Ortsausgang**	N 49,814149°	E 7,387049°	76
30	**Teufelsfels;** Felsformation, Taunusquarzit	N 49,842435°	E 7,427066°	76

	Lage und Beschreibung	Nordwert	Ostwert	Seite
31	**Straßenaufschlüsse S Bruschied an der K 5;** Taunusquarzit	N 49,827302°	E 7,407301°	77
32	**Schieferhalde der ehem. Grube Altlayenkaul in Rudolfshaus**	N 49,831481°	E 7,396302°	77
33	**Ruine Hellkirch, Aufschlüsse unterhalb des Bergfrieds;** Hunsrückschiefer	N 49,859927°	E 7,393506°	78
34	**Aufschluss in Dill, Burgberg;** Diskordanz im Hunsrückschiefer	N 49,915439°	E 7,344701°	79
35	**Reckershauser Höhe;** tertiäre Tone, Kiese und Schotter	N 49,993907°	E 7,421923°	79
36	**Rödelhausen;** tertiäre Tone und Kiese	N 49,993734°	E 7,330428°	80
37	**Straßenaufschluss E Krummenau an der L 190;** Hunsrückschiefer	N 49,889307°	E 7,278289°	80
38	**Bremerberg, Schlackenwall** **Nahebei:** alte Abgrabungen von Sandsteinen der Tholey-Schichten des Unterrotliegenden	N 49,751170°	E 7,420083°	81
39	**Aufschl. in Fischbach, an der L 160 gegenüber d. Gemeindehaus;** Sedimente zw. liegendem Dazit Typ Finkenberg und hangendem Rhyodazit Typ Göttschied	N 49,741571°	E 7,396077°	82
40	**Stbr. d. Fa. Juchem im Fischbachtal**	N 49,757373°	E 7,352535°	83
41	**Ehem. Stbr. Bernhard im Fischbachtal;** eine Sedimentfolge trennt den Latiandesit Typ Steinkaulenberg als tiefste Lavadecke vom Dazit Typ Finkenberg	N 49,756588°	E 7,342799°	83
42	**Wildenburg;** Taunusquarzit-Aufschlüsse unterh. d. Turmes mit Schrägschichtung und entlang der Kammlinie	N 49,775992°	E 7,256144°	84

	Lage und Beschreibung	Nordwert	Ostwert	Seite
43	**Rosselhalde N Kirschweiler;** eiszeitliche Quarzitblockhalde	N 49,764968°	E 7,236148°	85
44	**Erbeskopf mit Aussichtsturm**	N 49,729577°	E 7,089606°	87
45	**Ortelsbruch S Morbach**	N 49,794345°	E 7,133005°	89
46	**Steinbruch Meter S Hoxel am Schweinegrubenberg;** Taunusquarzit mit intensiver Spezialfaltung	N 49,765389°	E 7,105678°	90
47	**Ruine Baldenau;** Wechsellagerung von dunkelgrauen Tonschiefern und z. T. boudinierten Quarzitbänken	N 49,835209°	E 7,164820°	90
48	**Petersquelle oberhalb Oberhambach**	N 49,687084°	E 7,141872°	92
49	**Sauerbrunnen in Schwollen**	N 49,707669°	E 7,169391°	92
50	**Haumbach, Abzw. d. Straße nach Ellweiler von der B 41;** stark verwitterter sowie kaum verwitterter Nohfeldener Rhyolith, „Birkenfelder Feldspat“	N 49,601556°	E 7,144023°	93
51	**Burg Nohfelden;** geringfügig verwitterter Rhyolith	N 49,586804°	E 7,144646°	93
52	**Nahequelle**	N 49,541377°	E 7,032078°	94
53	**Grube Kapp, N der L 135 zwischen Nohfelden und Türkismühle;** Rhyolith, „Birkenfelder Feldspat“	N 49,591750°	E 7,116960°	94
54	**Aufschlüsse bei Waldbach-Eisen, an der L 330;** massiger, dichter bis körniger Andesit mit kleinen Drusen, lokal mit beginnender Wollsackverwitterung	N 49,603933°	E 7,044744°	95
55	**Ehem. Grube Korb N Eisen;** devonische Riffschuttkalke	N 49,628400°	E 7,043606°	95
56	**Kloppbruchswiese nahe Otzenhausen;** „Lebacher Eier“ (Eisenspat) der Lebach-Schichten des Unterrotliegenden	N 49,618068°	E 6,991628°	97

	Lage und Beschreibung	Nordwert	Ostwert	Seite
57	**Primstalsperre;** Aufschlüsse in Bunten Schiefern und Hermeskeil-Schichten	N 49,615118°	E 6,978976°	97
58	**Ehem. Taunusquarzit-Stbr. S der Primstalsperre**	N 49,610653°	E 6,975427°	97
59	**Straßenaufschluss N Züsch an der L 165;** Übergang Bunte Schiefer (rötl. Tonschiefer) nach W zu den Sandsteinen der Hermeskeil-Schichten	N 49,655285°	E 7,013159°	98
60	**Züscher Hammer** **Nahebei:** Unterh. d. Parkplatzes Aufschluss mit grauen, grünlichen u. roten Ton-/Siltschiefern u. Quarzitschiefern der Bunten Schiefer **Nahebei:** Am Weg unterhalb des Züscher Hammers finden sich Quarzite der Hermeskeil-Schichten	N 49,637272°	E 7,006278°	99
61	**Aufschluss S Hermeskeil im Lösterbachtal;** Bunte Schiefer	N 49,643111°	E 6,931769°	100
62	**Aufschluss S Hermeskeil im Lösterbachtal;** Hermeskeil-Schichten	N 49,632991°	E 6,926869°	100
63	**Aufschluss bei der Grillhütte SE Gusenburg;** rötliche, serizitreiche Ton- und Siltschiefer der Bunten Schiefer **Nahebei:** Innerhalb des Waldes in alten Militärstellungen Arkosen der Hermeskeil-Schichten	N 49,630934°	E 6,914095°	100
64	**Aufschluss bei Vollmersbach;** intrusiver Andesit („Kuselit"), Kontakterscheinungen in den hangenden Oberrotliegend-Sedimenten	N 49,747057°	E 7,311454°	110

	Lage und Beschreibung	Nordwert	Ostwert	Seite
65	**Gefallene Felsen bei der Fuhrshütte, E Ortsausgang von Idar-Oberstein;** Oberrotliegend-Konglomerate der Wadern-Fazies	N 49,705482°	E 7,345825°	111
66	**Aufschluss N des Eingangs zum Bollenbachtal;** Konglomerate/Fanglomerate der Wadern-Formation (Nahe-Subgruppe des Oberrotliegenden)	N 49,713648°	E 7,370178°	112
67	**Ehem. Grube Eschenbach, Bundenbach;** Hunsrückschiefer mit eingeschaltetem Tuffithorizont	N 49,834968°	E 7,367767°	118
68	**Schmidtburg;** Aufschlüsse im Hunsrückschiefer mit Tuffeinschaltungen	N 49,846202°	E 7,390887°	121
Lehrpfade, Besucherbergwerke und weitere Anlaufstellen				
69	**Geologischer Lehrpfad Hochstetten-Dhaun**	N 49,801923°	E 7,503031°	63
70	**Geologischen Hunsrück-Lehrpfad Gemünden**	N 49,893987°	E 7,474994°	69
71	**Wassererlebnispfad Hahnenbachtal, Forellenhof**	N 49,839241°	E 7,394023°	77
72	**Hunsrückhaus N Erbeskopf** **Themenweg zur Entstehung der Landschaft sowie zur Natur und Umwelt**	N 49,736910°	E 7,084222°	88
73	**Historisches Kupferbergwerk Fischbach** **Bergbau-Rundweg zur Geologie u. zum Bergbau d. Hosenbachtales**	N 49,755222°	E 7,382452°	82
74	**Besuchergrube Schiefergrube Herrenberg, Bundenbach**	N 49,848822°	E 7,389850°	119

	Lage und Beschreibung	Nordwert	Ostwert	Seite
75	Edelsteinmine Steinkaulenberg in Idar-Oberstein „Geol. Lehrpfad“ mit Gesteinen des Hunsrücks u. der Nahe-Mulde	N 49,724532°	E 7,275341°	108
76	Edelsteingarten Kempfeld	N 49,789889°	E 7,243171°	84
77	Geopark Krahloch bei Sensweiler	N 49,768992°	E 7,195437°	86
78	Historische Wasserschleiferei Biehl, Asbacherhütte	N 49,804846°	E 7,273283°	83

Ortsverzeichnis

Literaturverzeichnis

Geologische Karten und Erläuterungen

ATZBACH, O. (1980): Geologische Karte von Rheinland-Pfalz 1 : 25000. Erläuterungen Blatt 6211 Sobernheim, 82 S.

BGR (Hrsg.) (1979): Geologische Übersichtskarte 1 : 200000, CC 7102 Saarbrücken. Bundesanstalt für Geowissenschaften und Rohstoffe, Hannover.

– (1986): Geologische Übersichtskarte 1 : 200000, CC 7110 Mannheim.

– (1987): Geologische Übersichtskarte 1 : 200000, CC 6302 Trier.

– (2001): Geologische Übersichtskarte 1 : 200000, CC 6310 Frankfurt a. M. – West.

DREYER, G., FRANKE, W. R. & STAPF, K. R. G. (1983): Geologische Karte des Saar-Nahe-Berglandes und seiner Randgebiete 1 : 100000. Geologisches Landesamt Rheinland-Pfalz, Mainz.

Allgemeine und weiterführende Literatur

ANDERLE, H.-J. (2000): Gezeitensedimente in der Hermeskeil-Formation (Siegen-Stufe, Unterdevon) von Niedernhausen im Taunus (Bl. 5815 Wehen, Rheinisches Schiefergebirge). Jb. Nass. Ver. Naturkde., 121: 83–94.

ARIKAS, K. (1986): Geochemie und Petrologie der permischen Rhyolithe in Südwestdeutschland (Saar-Nahe-Pfalz-Gebiet, Odenwald, Schwarzwald) und in den Vogesen. POLLICHIA-Buch, 8, 321 S.; Bad Dürkheim.

BANK, H. (1953): Tektonisch-stratigraphische Untersuchungen auf dem Nordflügel der Nahemulde. Diss. Univ. Mainz, 100 S.

BANK, H. (2003): Die Mineralgewinnung in der Region hat eine lange Geschichte. In: EDELSTEINMINEN GMBH (Hrsg.): Die Edelsteinmine im Steinkaulenberg und die historische Weiherschleife in Idar-Oberstein: 33–35; Idar-Oberstein.

BANK, H. (2004): Achate und Jaspis – Wurzeln der Edelsteinindustrie in der Edelsteinregion Idar-Oberstein. In: STIFTUNG DEUTSCHES EDELSTEINMUSEUM IDAR-OBERSTEIN (Hrsg.): Achat + Jaspis: Wurzeln der Edelsteinregion Idar-Oberstein. Bd. 7 zur Sonderausstellung Achat + Jaspis vom 31. Juli bis 28. November 2004: 7–25; Idar-Oberstein.

BARTELS, C. & KNEIDL, V. (1981): Ein Porphyroid in der Grube Schmiedenberg bei Bundenbach (Hunsrück. Rheinisches Schiefergebirge) und seine stratigraphische Bedeutung. Geol. Jb. Hessen, 109: 23–36.

BARTELS, C., WUTTKE, M. & BRIGGS, D. E. G. (Hrsg.) (2002): The Nahecaris Project. Releasing the marine life of the Devonian from the Hunsrück Slate of Bundenbach. Metalla, 9, 137 S.

BERGER, E., TORRES, P. & WEFERS, J. (1991): Zur Stratigraphie der Metamorphen Zone des Hunsrücksüdrands im Rheinischen Schiefergebirge (vorläufige Mitteilung). N. Jb. Geol. Paläont. Mh., 12: 737–746.

BUNESS, H., FELDER, M., GABRIEL, G. & HARMS, F.-J. (2005): Explosives Tropenparadies. Geologie und Geophysik im Zeitraffer. Vernissage, Reihe UNESCO-Welterbe, 13, Nr. 21/05: 6–11.

CARLÉ, W. (1975): Die Mineral- und Thermalwässer von Mitteleuropa. Geologie, Chemismus, Genese. Wissenschaftliche Verlagsgesellschaft, Tafelband, 643 S.

DEUTSCHE STRATIGRAPHISCHE KOMMISSION (Hrsg.) (2008): Stratigraphie von Deutschland VIII: Devon. Schriftenreihe der Deutschen Ges. Geowiss., 52, 578 S.

DOSTAL, J., VOZAR, J., KEPPIE, J. D. & HOVORKA, D. (2003): Permian volcanism in the Central Western Carpathians (Slovakia): Basin-and-Range type rifting in the southern Laurussian margin. Int. J. Earth Sci. (Geol. Rundsch.), 92: 27–35.

DWD (1957): Klima-Atlas von Rheinland-Pfalz. 84 Tafeln, 37 S. Erl., Deutscher Wetterdienst, Bad Kissingen.

ECKE, H. H., HOFMANN, M., LUDEWIG, B. & RIEGEL, W. (1985): Ein Inkohlungsprofil durch den südlichen Hunsrück (südwestliches Rheinisches Schiefergebirge): N. Jb. Geol. Paläont. Mh., 7: 395–410.

EDELSTEINMINEN IDAR-OBERSTEIN (Hrsg.) (2003): Die Edelsteinmine im Steinkaulenberg und die historische Weiherschleife in Idar-Oberstein. Ein Führer durch Europas einzige zugängliche Edelsteinmine und die letzte Edelsteinschleifmühle am Idarbach. 63 S.

EL QUENJLI, A. & STAPF, K. R. G. (1995): Erstmaliger Nachweis einer küstenbeeinflußten, sandigen Zechstein-Sabkha im St. Wendeler Graben (Saar-Nahe-Senke, SW-Deutschland. Mitt. POLLICHIA, 82: 7–36.

FELIX-HENNINGSEN, P. (1990): Die mesozoisch-tertiäre Verwitterungsdecke (MTV) im Rheinischen Schiefergebirge. Aufbau, Genese und quartäre Überprägung. Relief, Boden, Paläoklima, 6, 192 S.

FRANKE, W. (1989): Variscan plate tectonics in Central Europe – current ideas and open questions. Tectonophysics, 169: 221–228.

FRANKE, W. & ZELAZNIEWICZ, A. (2002): Structure and evolution of the Bohemian Arc. In: WINCHESTER, J. A., PHARAOH, T. C. & VERNIERS, J. (Hrsg.): Palaeozoic Amalgamation of Central Europe. Geol. Soc. London, Spec. Publ., 201: 279–293.

FÜLLMANN, J. (1990): Hennweiler im Amt Wartenstein. Aus der Geschichte des Dorfes und seiner Umgebung. Band 1 (10. Jahrhundert bis 1814), 144 S.; Idar-Oberstein.

GREBE, H. (1908): Geologische Übersicht über den Hunsrück und Hochwald. Hochwald- und Hunsrückführer, 7. Aufl.

HÄUSER, H. F. (2009): Dokumentation über die Erhaltung und beabsichtigte Restauration von Schloß Oberstein durch die Schlösserverwaltung, die Denkmalpflege und die Stadt Idar-Oberstein sowie durch den Burgenverein in den Jahren 1981 bis 2005. Geschichte und Geschichten rund ums Schloß, 14 S.

HENK, A. (1992): Das Saar-Nahe-Becken – ein Beispiel für die spätvariszische Beckenentwicklung in Mitteleuropa. Frankfurter Geowiss. Arb., Serie A-Geol., Paläont., 11: 66 – 69.

HENK, A. (1993): Subsidenz und Tektonik des Saar-Nahe-Beckens (SW-Deutschland). Geol. Rundsch., 82: 3–19.

HERBST, F. & MÜLLER, H.-G. (1966): Der Blei-Zinkerzbergbau im Hunsrück-Gebiet. Gewerkschaft Mercur, 48 S.; Bad Ems.

HOFMANN, M. (1981): Geologische Untersuchungen im südlichen Hahnenbachtal zwischen dem Lützelsoon und Kirn (Hunsrück/Rheinisches Schiefergebirge). Dipl.-Arb. Univ. Göttingen, 156 S.

HORNUNG, J. J. (1999): Eine Ichnofauna aus dem klastischen Zechstein (oberes Perm) von Wolfsberg bei Neustadt a. d. Weinstraße und Anmerkungen zur Paläogeographie/Paläoökologie des kontinentalen Zechstein in der Pfälzer Synform (Pfalz). Mitt. POLLICHIA, 86: 7–33.

JUNG, D. (1961): Die Lagerstätten keramischen Rohmaterials zwischen Birkenfeld und Oberthal/Saar. Keramische Zeitschrift, 13/11: 612–617.

KAUFMANN, B., TRAPP, E., MEZGER, K. & WEDDIGE, K. (2005): Two new Emsian (Early Devonian) U-Pb zircon ages from volcanic rocks of the Rhenish Massif (Germany): implications for the Devonian time scale). J. Geol. Soc. London, 162: 363–371.

KERP, H. & FICHTER, J. (1985): Die Makrofloren des saarpfälzischen Rotliegenden (?Ober-Karbon – Unter-Perm, SW-Deutschland). Mainzer geowiss. Mitt., 14: 159–286.

KNEIDL, V. (1980): Zur Geologie des Hunsrücks. Der Aufschluß, Sdh. 30: 87–100.

KNEIDL, V. (1984): Hunsrück und Nahe. Geologie, Mineralogie und Paläontologie. Ein Wegweiser für den Liebhaber. Franckh, 128 S.; Stuttgart.

KOENIGSWALD, W. v. & MEYER, W. (Hrsg.) (1994): Erdgeschichte im Rheinland: Fossilien und Gesteine aus 400 Millionen Jahren. Pfeil, 239 S.

LANG, R. (1994): Untersuchungen von Kupfervorkommen in der Saar-Nahe-Senke. Dipl.-Arb. RWTH Aachen, 42 S.

MEISL, S. (1970): Petrologische Studien im Grenzbereich Diagenese – Metamorphose. Abhandlungen des Hessischen Landesamtes für Bodenforschung, 57, 93 S.; Wiesbaden.

MEISL, S. (1995): Igneous Activity. In: DALLMEYER, R. D., FRANKE, W. & WEBER, K. (Hrsg.): Pre-Permian Geology of Central and Eastern Europe. Springer: 118–131; Berlin.

MITTMEYER, H.-G. (2008): Unterdevon der Mittelrheinischen und Eifeler Typ-Gebiete (Teile von Eifel, Westerwald, Hunsrück und Taunus). In: DEUTSCHE STRATIGRAPHISCHE KOMMISSION (Hrsg): Stratigraphie von Deutschland VIII. Devon. Schriftenreihe der Deutschen Gesellschaft für Geowiss., 52: 139–203.

MEYER, D. E. (1970): Stratigraphie und Fazies des Paläozoikums im Guldenbachtal, SE-Hunsrück am Südrand des Rheinischen Schiefergebirges. Diss. Univ. Bonn, 307 S.

MÜLLER, G. (1982): Die Schwerspatgrube „Korb“ bei Eisen. In: VFMG (Hrsg.): Tagungsheft zur VFMG-Tagung 1982 in Oberthal (N-Saarland): 97–115.

SCHAFFT, R. (1985): Makro- und mikrostrukturelle Untersuchungen der Metamorphen Zone im südlichen Hunsrück. Diss. Univ. Göttingen, 88 S.

SCHINDLER, R. (1978): Archäologische Fundstätten im oberen Nahegebiet und ihr möglicher Zusammenhang mit frühzeitlichem Bergbau. In: BRANDT, H. P. (Hrsg.): Zur Geschichte des Bergbaus an der Oberen Nahe. Charivari: 57–74; Idar-Oberstein.

SCHINDLER, T. & HEIDTKE, U. H. J. (Hrsg.) (2007): Kohlesümpfe, Seen und Halbwüsten. Dokumente einer rund 300 Millionen Jahre alten Lebewelt zwischen Saarbrücken und Mainz. POLLICHIA Sonderveröffentlichung Nr. 10, 317 S.

SCHMIDT, E. (1984): Modalzusammensetzung und Mikrogefüge permischer Eruptivgesteine östlich von Idar-Oberstein. Mainzer geowiss. Mitt., 13: 73–96.

SCHMITT-RIEGRAF, C. (1996a): Magmenentwicklung und spät- bis postmagmatische Alterationsprozesse permischer Vulkanite im Nordwesten der Nahemulde. Münstersche Forsch. z. Geol. u. Paläont., 80, 251 S.

SCHMITT-RIEGRAF, C. (1996b): Die permischen Vulkanite im Raum Idar-Oberstein – Ein typisches Beispiel für die hydrothermale Überprägung einer kalkalkalinen Gesteinsserie. Europ. J. Mineral., 8, Beih. 1, S. 246.

SCHMITT-RIEGRAF, C. (2003): Vulkane, Lava und Vulkangesteine in der Nahemulde. In: EDELSTEINMINEN GMBH (Hrsg.): Die Edelsteinmine im Steinkaulenberg und die historische Weiherschleife in Idar-Oberstein: 19–22; Idar-Oberstein.

SCHNEIDER, H. mit Beiträgen von D. JUNG (1991): Saarland. Sammlung geologischer Führer, 84, Borntraeger, 271 S.; Berlin, Stuttgart.

SCHNEIDERHÖHN, H. & KAUTZSCH, E. (1936): Die Kupfererzlagerstätten an der Nahe. I. Das Hosenberger Grubenfeld. N. Jb. Miner., Beil.-Bd. 71, Abt. A: 492–523.

SCHWILLE, F. (1955): Die Mineralquellen im nordpfälzischen Bergland. Heilbad und Kurort, 7/5: 1–8; Baden-Baden.

STETS, J. (1969): Über die Erzvorkommen im Hunsrück. Jb. Hunsrückverein, 1969: 147–155.

STETS, J. & SCHÄFER, A. (2002): Depositional environments in the Early Devonian siliciclastics of the Rhenoherzynian Basin (Rheinisches Schiefergebirge) – a case study and a model. Contr. Sediment. Geol., 22, 78 S.

STOLLHOFEN, H. (2007): Postvulkanische Rotliegend-Schwemmfächersysteme am Hunsrück-Südrand, Saar-Nahe-Becken, SW-Deutschland (Exkursion K am 13. April 2007). Jber. Mitt. oberrh. Ver., N. F. 89: 285–306.

TRAQUAIR, R. H. (1896): On fossil fishes from the Lower Devonian (Hunsrückschiefer) of Gemünden, Germany. Nature, 54, 263.

VIERSCHILLING, A. (1910): Die Eisen- und Manganlagerstätten im Hunsrück und Soonwald. Z. prakt. Geol., 18: 393–431.

WERNER, W. (1989): Contribution to the genesis of the SEDEX-type mineralizations of the Rhenish Massif (Germany) – implications for future Pb-Zn exploration. Geol. Rundsch., 78/2: 571–598.

WILD, H. W. (1956): Der Einfluß tektonischer Elemente auf den Friedrichsfelder Blei-Zink-Gang bei Bundenbach im Hunsrück. Notizbl. Hess. L.-Amt Bodenforsch., 84: 285–299.

WILDBERGER, J. (1989): Geologisches Strukturrelief des Kirner Landes. Geologischer Lehrpfad in Hochstetten-Dhaun bei Kirn/Nahe.

ZIEGLER, P. A. (1982): Geological Atlas of Western and Central Europe. Tafelband, Elsevier Science Ltd., 130 S.

ZÖLLER, L. (1984): Reliefgenese und marines Tertiär im Ost-Hunsrück. Mainzer geowiss. Mitt., 13: 97–114.

ZÖLLER, L. (1985): Geomorphologische und quartärgeologische Untersuchungen im Hunsrück-Saar-Nahe-Raum. Forsch. z. dt. Landeskd., 225, 240 S.; Trier.